図形の性質

1 三角形の内角と外角の二等分線

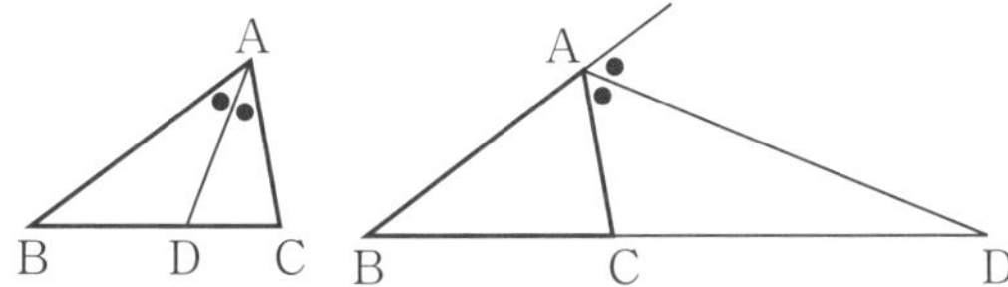

∠A の内角または外角の二等分線と直線 BC との交点を D とすると

AB：AC＝BD：DC

2 三角形の辺と角の大小

(1) $|b-c| < a < b+c$

(2) $\angle \mathrm{A} > \angle \mathrm{B} \iff a > b$

3 三角形の 5 心

(1) 重心…3 つの中線の交点

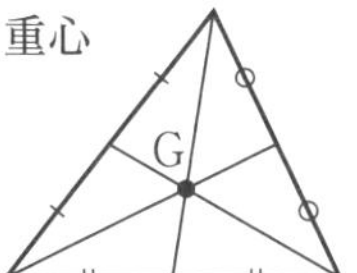

(2) 内心…3 つの内角の二等分線の交点

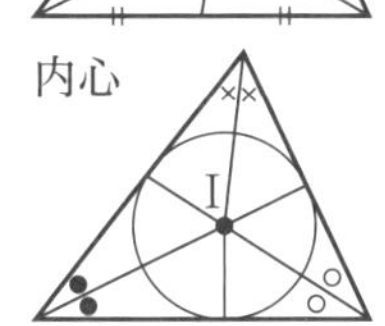

(3) 外心…3 つの辺の垂直二等分線の交点

(4) 垂心…3 つの頂点から対辺におろした垂線の交点

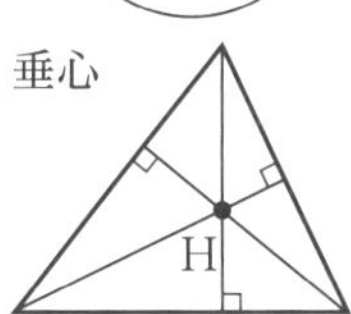

(5) 傍心…1 つの内角と他の 2 つの外角の二等分線の交点

4 メネラウスの定理とチェバの定理

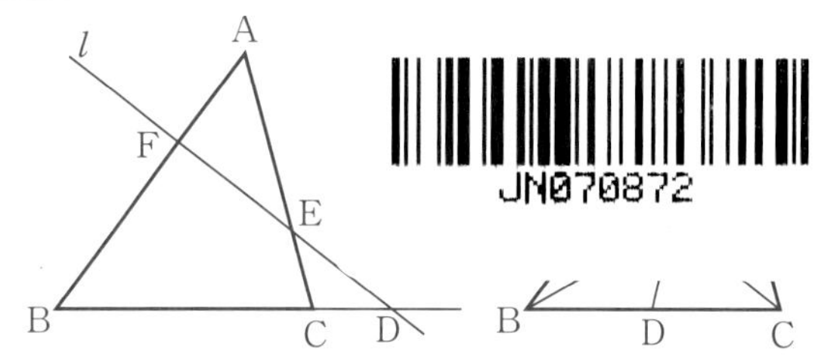

JN070872

$$\frac{\mathrm{BD}}{\mathrm{DC}}\cdot\frac{\mathrm{CE}}{\mathrm{EA}}\cdot\frac{\mathrm{AF}}{\mathrm{FB}}=1$$

5 円に内接する四角形

(1) 対角の和は 180°

(2) 外角はそれと隣り合う内角の対角と等しい。

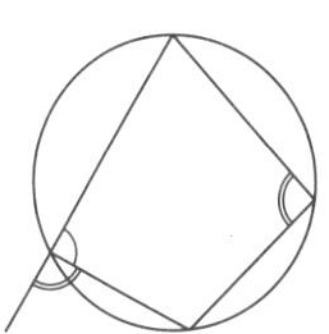

6 接線と弦の作る角

円の接線とその接点を通る弦の作る角は，その角内にある弧に対する円周角に等しい。

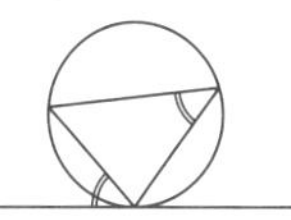

7 方べきの定理

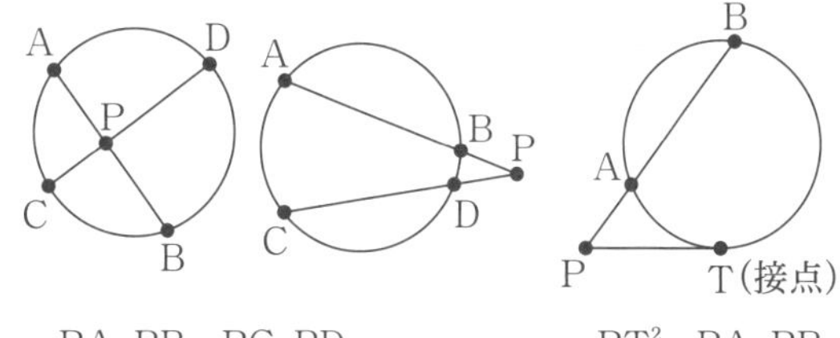

PA・PB＝PC・PD　　　PT²＝PA・PB

---

2 素数

(1) 素数…自然数 n で，正の約数が 1 と n の 2 個だけである数（ただし，1 を除く）。

(2) 素因数分解…任意の自然数を素数の積の形で表すこと。その表し方はただ 1 通りに定まる。

3 ユークリッドの互除法

正の整数 a を正の整数 b で割ったときの商を q，余りを r $(0 \leqq r < b)$ とすると，$a=bq+r$ が成り立つ。$r \neq 0$ のとき，「a と b の最大公約数」と「b と r の最大公約数」が等しいことを利用して，最大公約数を求める方法。

4 n 進法

0，1，2，……，$n-1$ の n 個の数字のみを用いて数を表す方法。

（例）　$101_{(2)}=1\cdot 2^2+0\cdot 2^1+1\cdot 2^0=5$

より，2 進法の $101_{(2)}$ は，10 進法の 5 を表す。

本書は，数学 A の内容の理解と復習を目的に編修した問題集です。
各項目を見開き 2 ページで構成し，左側は**例題**と**類題**，右側は Exercise と JUMP としました。

本書の使い方

例題

各項目で必ずマスターしておきたい代表的な問題を解答とともに掲載しました。右にある基本事項と合わせて，解法を確認できます。

Exercise

類題と同レベルの問題に加え，少しだけ応用力が必要な問題を扱っています。易しい問題から順に配列してありますので，あきらめずに取り組んでみましょう。

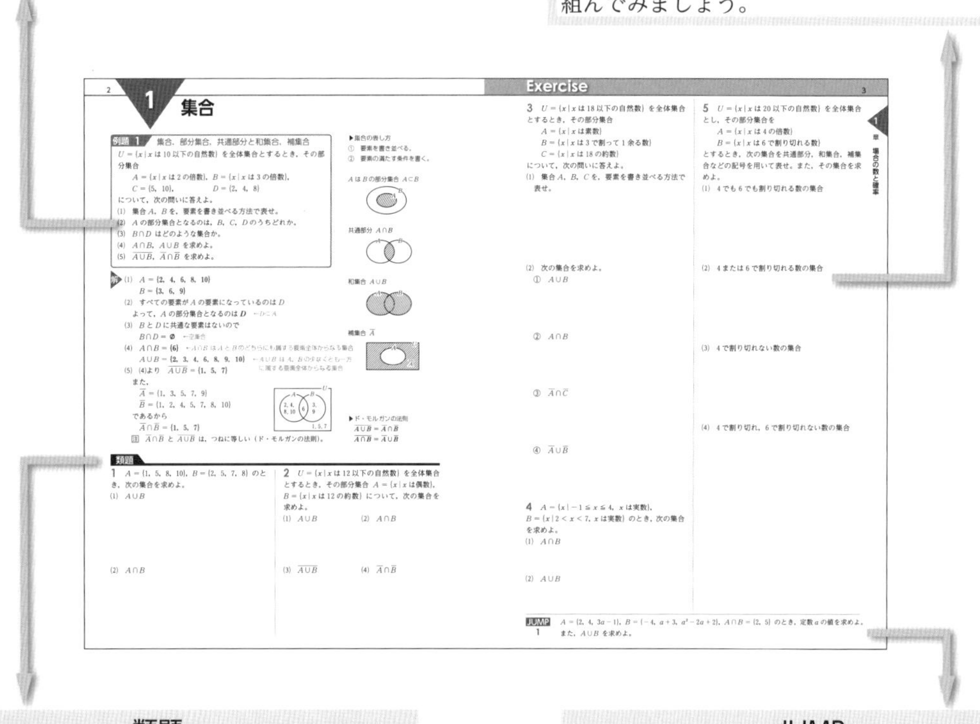

2

1 集合

例題 1 集合，部分集合，共通部分と和集合，補集合

$U=\{x \mid x$ は 10 以下の自然数$\}$ を全体集合とするとき，その部分集合

$A=\{x \mid x$ は 2 の倍数$\}$，$B=\{x \mid x$ は 3 の倍数$\}$，
$C=\{5, 10\}$，　$D=\{2, 4, 8\}$

について，次の問いに答えよ。

(1) 集合 A，B を，要素を書き並べる方法で表せ。
(2) A の部分集合となるのは，B，C，D のうちどれか。
(3) $B\cap D$ はどのような集合か。
(4) $A\cap B$，$A\cup B$ を求めよ。
(5) $\overline{A\cup B}$，$\overline{A}\cap\overline{B}$ を求めよ。

解 (1) $A=\{2, 4, 6, 8, 10\}$
$B=\{3, 6, 9\}$
(2) すべての要素が A の要素になっているのは D
よって，A の部分集合となるのは D　←$D\subset A$
(3) B と D に共通な要素はないので
$B\cap D=\varnothing$　←空集合
(4) $A\cap B=\{6\}$　←$A\cap B$ は A と B のどちらにも属する要素全体からなる集合
$A\cup B=\{2, 3, 4, 6, 8, 9, 10\}$　←$A\cup B$ は A，B の少なくとも一方に属する要素全体からなる集合
(5) (4)より　$\overline{A\cup B}=\{1, 5, 7\}$
また，
$\overline{A}=\{1, 3, 5, 7, 9\}$
$\overline{B}=\{1, 2, 4, 5, 7, 8, 10\}$
であるから
$\overline{A}\cap\overline{B}=\{1, 5, 7\}$
注 $\overline{A}\cap\overline{B}$ と $\overline{A\cup B}$ は，つねに等しい（ド・モルガンの法則）。

▶集合の表し方
① 要素を書き並べる。
② 要素の満たす条件を書く。

A は B の部分集合 $A\subset B$
共通部分 $A\cap B$
和集合 $A\cup B$
補集合 $\overline{A}$

▶ド・モルガンの法則
$\overline{A\cup B}=\overline{A}\cap\overline{B}$
$\overline{A\cap B}=\overline{A}\cup\overline{B}$

類題

1 $A=\{1, 5, 8, 10\}$，$B=\{2, 5, 7, 8\}$ のとき，次の集合を求めよ。
(1) $A\cup B$
(2) $A\cap B$

2 $U=\{x \mid x$ は 12 以下の自然数$\}$ を全体集合とするとき，その部分集合 $A=\{x \mid x$ は偶数$\}$，$B=\{x \mid x$ は 12 の約数$\}$ について，次の集合を求めよ。
(1) $A\cup B$　(2) $A\cap B$
(3) $\overline{A\cup B}$　(4) $\overline{A}\cap\overline{B}$

Exercise　3

3 $U=\{x \mid x$ は 18 以下の自然数$\}$ を全体集合とするとき，その部分集合
$A=\{x \mid x$ は素数$\}$
$B=\{x \mid x$ は 3 で割って 1 余る数$\}$
$C=\{x \mid x$ は 18 の約数$\}$
について，次の問いに答えよ。
(1) 集合 A，B，C を，要素を書き並べる方法で表せ。
(2) 次の集合を求めよ。
① $A\cup B$
② $A\cap B$
③ $\overline{A}\cap\overline{C}$
④ $\overline{A}\cup\overline{B}$

4 $A=\{x \mid -1\leqq x\leqq 4$，$x$ は実数$\}$，$B=\{x \mid 2<x<7$，x は実数$\}$ のとき，次の集合を求めよ。
(1) $A\cap B$
(2) $A\cup B$

5 $U=\{x \mid x$ は 20 以下の自然数$\}$ を全体集合とし，その部分集合を
$A=\{x \mid x$ は 4 の倍数$\}$
$B=\{x \mid x$ は 6 で割り切れる数$\}$
とするとき，次の集合を共通部分，和集合，補集合などの記号を用いて表せ。また，その集合を求めよ。
(1) 4 でも 6 でも割り切れる数の集合
(2) 4 または 6 で割り切れる数の集合
(3) 4 で割り切れない数の集合
(4) 4 で割り切れ，6 で割り切れない数の集合

1 章 集合の数と確率

JUMP 1 $A=\{2, 4, 3a-1\}$，$B=\{-4, a+3, a^2-2a+2\}$，$A\cap B=\{2, 5\}$ のとき，定数 a の値を求めよ。また，$A\cup B$ を求めよ。

類題

例題と同レベルの問題です。解き方がわからないときは，例題を参考にしてみましょう。

JUMP

Exercise より応用力が必要な問題を扱っています。選択的に取り組んでみましょう。

まとめの問題

いくつかの項目を復習するために設けてあります。内容が身に付いたか確認するために取り組んでみましょう。

▶第1章◀ 場合の数と確率

1 集合(p.2)

1 $A=\{1,\ 5,\ 8,\ 10\}$, $B=\{2,\ 5,\ 7,\ 8\}$ より

(1) $A\cup B=\{\mathbf{1,\ 2,\ 5,\ 7,\ 8,\ 10}\}$

(2) $A\cap B=\{\mathbf{5,\ 8}\}$

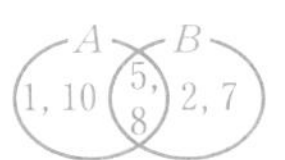

2 $A=\{2,\ 4,\ 6,\ 8,\ 10,\ 12\}$, $B=\{1,\ 2,\ 3,\ 4,\ 6,\ 12\}$
より

(1) $A\cup B=\{\mathbf{1,\ 2,\ 3,\ 4,\ 6,\ 8,\ 10,\ 12}\}$

(2) $A\cap B=\{\mathbf{2,\ 4,\ 6,\ 12}\}$

(3) $\overline{A\cup B}=\{\mathbf{5,\ 7,\ 9,\ 11}\}$

(4) $\overline{A}=\{1,\ 3,\ 5,\ 7,\ 9,\ 11\}$, $\overline{B}=\{5,\ 7,\ 8,\ 9,\ 10,\ 11\}$
であるから
$\overline{A}\cap\overline{B}=\{\mathbf{5,\ 7,\ 9,\ 11}\}$

別解 ド・モルガンの法則より $\overline{A}\cap\overline{B}=\overline{A\cup B}$
よって $\overline{A}\cap\overline{B}=\overline{A\cup B}=\{\mathbf{5,\ 7,\ 9,\ 11}\}$

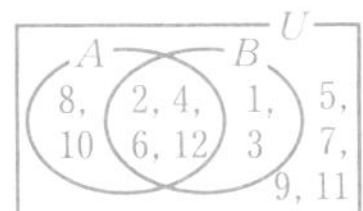

ド・モルガンの法則
$\overline{A\cup B}=\overline{A}\cap\overline{B}$
$\overline{A\cap B}=\overline{A}\cup\overline{B}$

3 (1) $A=\{\mathbf{2,\ 3,\ 5,\ 7,\ 11,\ 13,\ 17}\}$ ⬅(注意) 1は素数ではない
$B=\{\mathbf{1,\ 4,\ 7,\ 10,\ 13,\ 16}\}$
$C=\{\mathbf{1,\ 2,\ 3,\ 6,\ 9,\ 18}\}$ ⬅(注意) 1を忘れないこと

(2) ① $A\cup B=\{\mathbf{1,\ 2,\ 3,\ 4,\ 5,\ 7,\ 10,\ 11,\ 13,\ 16,\ 17}\}$

② $A\cap B=\{\mathbf{7,\ 13}\}$

③ $\overline{A}=\{1,\ 4,\ 6,\ 8,\ 9,\ 10,\ 12,\ 14,\ 15,\ 16,\ 18\}$,
$\overline{C}=\{4,\ 5,\ 7,\ 8,\ 10,\ 11,\ 12,\ 13,\ 14,\ 15,\ 16,\ 17\}$
であるから
$\overline{A}\cap\overline{C}=\{\mathbf{4,\ 8,\ 10,\ 12,\ 14,\ 15,\ 16}\}$

④ $\overline{B}=\{2,\ 3,\ 5,\ 6,\ 8,\ 9,\ 11,\ 12,\ 14,\ 15,\ 17,\ 18\}$ より
$\overline{A}\cup\overline{B}=\{\mathbf{1,\ 2,\ 3,\ 4,\ 5,\ 6,\ 8,\ 9,\ 10,\ 11,\ 12,\ 14,\ 15,\ 16,\ 17,\ 18}\}$

別解 ド・モルガンの法則より
$\overline{A}\cup\overline{B}=\overline{A\cap B}$
②より $A\cap B=\{7,\ 13\}$ であるから
$\overline{A}\cup\overline{B}=\{\mathbf{1,\ 2,\ 3,\ 4,\ 5,\ 6,\ 8,\ 9,\ 10,\ 11,\ 12,\ 14,\ 15,\ 16,\ 17,\ 18}\}$

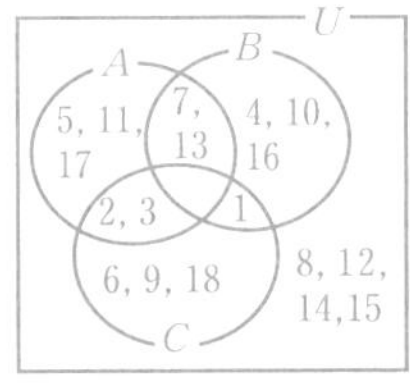

4 右の図から

(1) $A\cap B=\{\boldsymbol{x}\mid 2<\boldsymbol{x}\leqq 4,\ \boldsymbol{x}$ **は実数**$\}$

(2) $A\cup B=\{\boldsymbol{x}\mid -1\leqq\boldsymbol{x}<7,\ \boldsymbol{x}$ **は実数**$\}$

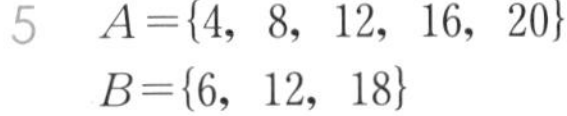

5 $A=\{4,\ 8,\ 12,\ 16,\ 20\}$
$B=\{6,\ 12,\ 18\}$

(1) 4でも6でも割り切れる数の集合は, $\boldsymbol{A\cap B}$ であるから
$A\cap B=\{\mathbf{12}\}$

(2) 4または6で割り切れる数の集合は, $\boldsymbol{A\cup B}$ であるから
$A\cup B=\{\mathbf{4,\ 6,\ 8,\ 12,\ 16,\ 18,\ 20}\}$

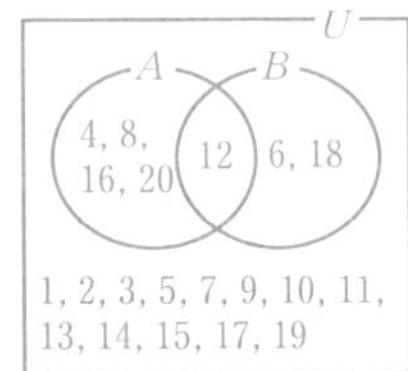

(3) 4で割り切れない数の集合は，$\overline{A}$ であるから

$\overline{A}$=**{1，2，3，5，6，7，9，10，11，13，14，15，17，18，19}**

(4) 4で割り切れるが，6で割り切れない数の集合は，$A\cap\overline{B}$ である。

$\overline{B}$={1，2，3，4，5，7，8，9，10，11，13，14，15，16，17，19，20}

であるから　$A\cap\overline{B}$=**{4，8，16，20}**

別解　$(A\cap\overline{B})\cup(A\cap B)=A$，$(A\cap\overline{B})\cap(A\cap B)=\varnothing$

ここで　$A\cap B$={12}，A={4，8，12，16，20}

であるから　$A\cap\overline{B}$=**{4，8，16，20}**

⬅$A\cap\overline{B}$ は，A であって，$A\cap B$ でない数の集合

JUMP 1

考え方　$(A\cap B)\subset A$ に着目し，A の要素について考える。

A={2，4，$3a-1$}，$A\cap B$={2，5} より

$3a-1=5$　ゆえに　$\boldsymbol{a=2}$

このとき A={2，4，5}　……①

また，B の要素について

$a+3=2+3=5$　⬅$a=2$ を代入する。

$a^2-2a+2=2^2-2\times2+2=2$

よって B={−4，5，2}　……②

①，②より

$\boldsymbol{A\cup B}$=**{−4，2，4，5}**

⬅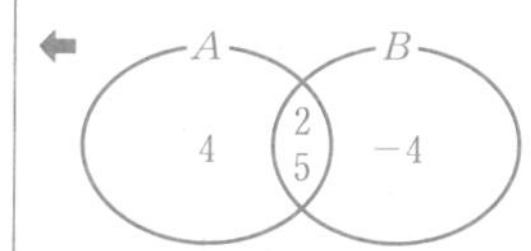

2 集合の要素の個数(p.4)

6 (1) A={2×1，2×2，……，2×15} より　$n(A)$=**15（個）**

(2) B={3×1，3×2，……，3×10} より　$n(B)=10$

よって

$n(\overline{B})=n(U)-n(B)$

$=30-10=$**20（個）**

補集合の要素の個数
$n(\overline{A})=n(U)-n(A)$

(3) $A\cap B$={6×1，6×2，……，6×5} より　$n(A\cap B)=5$

よって，(1)，(2)より

$n(A\cup B)=n(A)+n(B)-n(A\cap B)$

$=15+10-5=$**20（個）**

$n(A\cup B)=$
$n(A)+n(B)-n(A\cap B)$

7 (1) A={3×0+2，3×1+2，3×2+2，……，3×32+2}　より

$n(A)$=**33（個）**

(2) B={2×1−1，2×2−1，……，2×50−1}　より

$n(B)$=**50（個）**

(3) $A\cap B$={5，11，17，23，29，35，41，47，53，59，65，71，77，83，89，95}　より

$n(A\cap B)$=**16（個）**

⬅$A\cap B$ の要素は，3に{1，3，5，……，31}を掛けて2を足したもの

(4) $n(A\cup B)=n(A)+n(B)-n(A\cap B)$

$=33+50-16=$**67（個）**

(5) $n(U)=100$ より

$n(\overline{A\cap B})=n(U)-n(A\cap B)$

$=100-16=$**84（個）**

(6) $n(\overline{A}\cap\overline{B})=n(\overline{A\cup B})$

$=n(U)-n(A\cup B)$

$=100-67=$**33（個）**

8　クラス全員の集合を全体集合 U とし，その部分集合で，
英語が 80 点以上の人の集合を A
数学が 80 点以上の人の集合を B　とする。

(1)　$n(U)=40$，$n(A\cup B)=25$ で，英語，数学ともに 80 点未満の生徒の集合は $\overline{A\cup B}$ と表されるから，求める生徒の人数は
$n(\overline{A\cup B})=n(U)-n(A\cup B)=40-25=$**15（人）**

(2)　$n(A)=12$，$n(B)=20$ で，英語，数学ともに 80 点以上の生徒の集合は $A\cap B$ と表されるから，求める生徒の人数は
$n(A\cap B)=n(A)+n(B)-n(A\cup B)=12+20-25=$**7（人）**

←$n(A\cup B)=n(A)+n(B)-n(A\cap B)$ を変形

9　ケーキ店に来た客全員の集合を全体集合 U とし，その部分集合で，
チーズケーキを買った客の集合を A
モンブランを買った客の集合を B　とすると
$n(U)=100$，$n(A)=62$，$n(B)=55$，$n(A\cap B)=35$
どちらも買わなかった人の集合は $\overline{A}\cap\overline{B}$
ド・モルガンの法則より $\overline{A}\cap\overline{B}=\overline{A\cup B}$
ここで　$n(A\cup B)=n(A)+n(B)-n(A\cap B)$
$=62+55-35=82$
よって　$n(\overline{A\cup B})=n(U)-n(A\cup B)$
$=100-82=18$
したがって，どちらも買わなかった人は **18 人**

ド・モルガンの法則
$\overline{A\cup B}=\overline{A}\cap\overline{B}$
$\overline{A\cap B}=\overline{A}\cup\overline{B}$

JUMP 2

50 以下の自然数を全体集合 U とし，その部分集合で，2 の倍数の集合を A，3 の倍数の集合を B，5 の倍数の集合を C とすると
$A=\{2\times1,\ 2\times2,\ \cdots\cdots,\ 2\times25\}$
$B=\{3\times1,\ 3\times2,\ \cdots\cdots,\ 3\times16\}$
$C=\{5\times1,\ 5\times2,\ \cdots\cdots,\ 5\times10\}$
より $n(A)=25$，$n(B)=16$，$n(C)=10$
$A\cap B$ は「2 の倍数かつ 3 の倍数」，すなわち 6 の倍数であるから
$A\cap B=\{6\times1,\ 6\times2,\ \cdots\cdots,\ 6\times8\}$ より　$n(A\cap B)=8$
$B\cap C$ は「3 の倍数かつ 5 の倍数」，すなわち 15 の倍数であるから
$B\cap C=\{15,\ 30,\ 45\}$ より　$n(B\cap C)=3$
$C\cap A$ は「5 の倍数かつ 2 の倍数」，すなわち 10 の倍数であるから
$C\cap A=\{10,\ 20,\ 30,\ 40,\ 50\}$ より　$n(C\cap A)=5$
$A\cap B\cap C$ は「2 の倍数かつ 3 の倍数かつ 5 の倍数」，すなわち 30 の倍数であるから
$A\cap B\cap C=\{30\}$ より　$n(A\cap B\cap C)=1$
「2 または 3 または 5 で割り切れる数」の集合は $A\cup B\cup C$ で表される。
よって，求める自然数の個数は
$n(A\cup B\cup C)=n(A)+n(B)+n(C)$
$-n(A\cap B)-n(B\cap C)-n(C\cap A)$
$+n(A\cap B\cap C)$
$=25+16+10-8-3-5+1$
$=$**36（個）**

考え方
「$n(A\cup B\cup C)=n(A)+n(B)+n(C)-n(A\cap B)-n(B\cap C)-n(C\cap A)+n(A\cap B\cap C)$」を利用する。

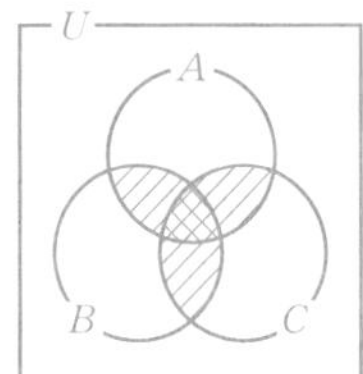

3 つの集合の要素の個数
$n(A\cup B\cup C)$
$=n(A)+n(B)+n(C)$
$-n(A\cap B)$
$-n(B\cap C)$
$-n(C\cap A)$
$+n(A\cap B\cap C)$

まとめの問題　場合の数と確率①(p.6)

1 (1)　$U=\{1,\ 2,\ 3,\ \cdots\cdots,\ 30\}$　であるから

$C=\{\mathbf{1,\ 2,\ 3,\ 4,\ 5,\ 6,\ 10,\ 12,\ 15,\ 20,\ 30}\}$

$D=\{\mathbf{2,\ 3,\ 5,\ 7,\ 11,\ 13,\ 17,\ 19,\ 23,\ 29}\}$

←60 の約数は，1×60，2×30，3×20，4×15，5×12，6×10 のようにペアで考えるとよい。

↖1 は素数でない。

(2)　① 「3 の倍数で偶数」の集合は「3 の倍数」かつ「奇数でない」数の集合であるから　$\boldsymbol{A\cap\overline{B}}$

$A=\{3,\ 6,\ 9,\ 12,\ 15,\ 18,\ 21,\ 24,\ 27,\ 30\}$

$\overline{B}=\{2,\ 4,\ 6,\ 8,\ 10,\ 12,\ 14,\ 16,\ 18,\ 20,\ 22,\ 24,\ 26,\ 28,\ 30\}$

より

$A\cap\overline{B}=\{\mathbf{6,\ 12,\ 18,\ 24,\ 30}\}$

←$A\cap\overline{B}$ は 6 の倍数の集合

② 「3 の倍数または偶数」の集合は　$\boldsymbol{A\cup\overline{B}}$

$A\cup\overline{B}=\{\mathbf{2,\ 3,\ 4,\ 6,\ 8,\ 9,\ 10,\ 12,\ 14,\ 15,\ 16,\ 18,\ 20,\ 21,\ 22,\ 24,\ 26,\ 27,\ 28,\ 30}\}$

③ 「3 の倍数でない奇数」の集合は「3 の倍数でない」かつ「奇数」の集合であるから　$\boldsymbol{\overline{A}\cap B}$

$\overline{A}\cap B=\{\mathbf{1,\ 5,\ 7,\ 11,\ 13,\ 17,\ 19,\ 23,\ 25,\ 29}\}$

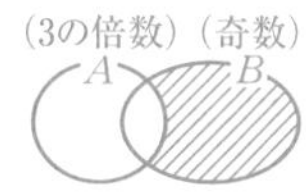

別解　ド・モルガンの法則より

$\overline{A\cup\overline{B}}=\overline{A}\cap\overline{(\overline{B})}=\overline{A}\cap B$

すなわち，$\overline{A}\cap B=\overline{A\cup\overline{B}}$　であるから，②の結果より

$\overline{A}\cap B=\{\mathbf{1,\ 5,\ 7,\ 11,\ 13,\ 17,\ 19,\ 23,\ 25,\ 29}\}$

④ 「素数でない 60 の約数」の集合は「素数でない数」かつ「60 の約数」の集合であるから　$\boldsymbol{C\cap\overline{D}}$　$(\boldsymbol{\overline{D}\cap C})$

$C\cap\overline{D}=\{\mathbf{1,\ 4,\ 6,\ 10,\ 12,\ 15,\ 20,\ 30}\}$

←$\overline{D}\cap C=C\cap\overline{D}$

2 (1)　$U=\{1,\ 2,\ 3,\ \cdots\cdots,\ 12\}$

$\overline{A\cup B}=\{1,\ 4,\ 9\}$ であり，

$A\cup B=\overline{(\overline{A\cup B})}$ であるから

$A\cup B=\{\mathbf{2,\ 3,\ 5,\ 6,\ 7,\ 8,\ 10,\ 11,\ 12}\}$

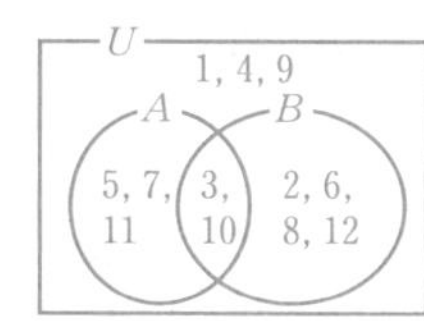

(2)　$A\cup B=(A\cap\overline{B})\cup(A\cap B)\cup(\overline{A}\cap B)$ であり，

$(A\cap\overline{B})\cap(A\cap B)=\varnothing$，$(A\cap B)\cap(\overline{A}\cap B)=\varnothing$

であるから　$A\cap B=\{\mathbf{3,\ 10}\}$

←$A\cup B$ は，$A\cap\overline{B}$ と $A\cap B$ と $\overline{A}\cap B$ を合わせたもの

(3)　$A=(A\cap\overline{B})\cup(A\cap B)$ であるから

$A=\{\mathbf{3,\ 5,\ 7,\ 10,\ 11}\}$

(4)　$B=(A\cap B)\cup(\overline{A}\cap B)$ であるから

$B=\{\mathbf{2,\ 3,\ 6,\ 8,\ 10,\ 12}\}$

3　300 以下の自然数を全体集合 U とし，U の部分集合で，

4 の倍数の集合を A

5 の倍数の集合を B　とする。

このとき　$n(U)=300$

$A=\{4\times1,\ 4\times2,\ \cdots\cdots,\ 4\times75\}$　より　$n(A)=75$

$B=\{5\times1,\ 5\times2,\ \cdots\cdots,\ 5\times60\}$　より　$n(B)=60$

(1)　$A\cap B=\{20\times1,\ 20\times2,\ \cdots\cdots,\ 20\times15\}$　より

$n(A\cap B)=\mathbf{15}$ **(個)**

←4 と 5 の公倍数の集合

(2)　$n(A\cup B)=n(A)+n(B)-n(A\cap B)$

$=75+60-15$

$=\mathbf{120}$ **(個)**

(3) $n(A\cap\overline{B})=n(A)-n(A\cap B)$
$=75-15$
$=$**60（個）**

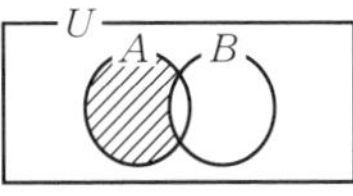

(4) $n(\overline{A}\cap\overline{B})=n(\overline{A\cup B})$
$=n(U)-n(A\cup B)$
$=300-120$
$=$**180（個）**

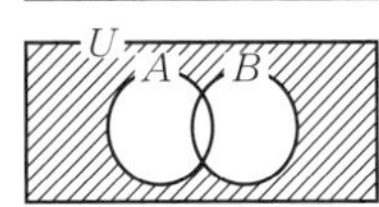

ド・モルガンの法則
$\overline{A}\cap\overline{B}=\overline{A\cup B}$

4 700 以下の 3 桁の自然数を全体集合 U とし，U の部分集合で，
15 の倍数の集合を A，
20 の倍数の集合を B とする。
このとき　$n(U)=700-99=601$
$A=\{15\times7,\ \cdots\cdots,\ 15\times46\}$　より　$n(A)=40$
$B=\{20\times5,\ \cdots\cdots,\ 20\times35\}$　より　$n(B)=31$
$A\cap B=\{60\times2,\ \cdots\cdots,\ 60\times11\}$　より　$n(A\cap B)=10$　　⬅15 と 20 の公倍数の集合
$n(A\cup B)=n(A)+n(B)-n(A\cap B)=40+31-10=61$
よって，求める $\overline{A}\cap\overline{B}$ の個数 $n(\overline{A}\cap\overline{B})$ は
$n(\overline{A}\cap\overline{B})=n(\overline{A\cup B})$
$=n(U)-n(A\cup B)$
$=601-61=$**540（個）**

5 商店へ来た客全員の集合を全体集合 U とし，その部分集合で，
商品 A を買った人の集合を A，
商品 B を買った人の集合を B とする。
このとき　$n(A\cup B)=47$，$n(A)=35$，$n(B)=28$
$n(A\cup B)=n(A)+n(B)-n(A\cap B)$　より
$n(A\cap B)=n(A)+n(B)-n(A\cup B)$　　⬅$n(A\cap B)=n(A)+n(B)-n(A\cup B)$
$=35+28-47=16$

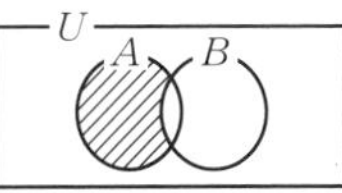

ここで，A のみを買った人は $A\cap\overline{B}$ と表される。

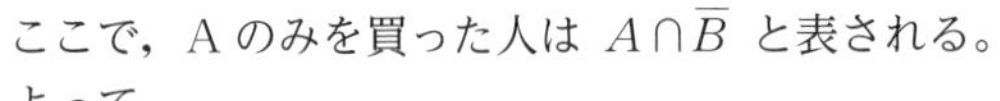

よって
$n(A\cap\overline{B})=n(A)-n(A\cap B)$
$=35-16=$**19（人）**

⬅$n(A\cap\overline{B})=n(A\cup B)-n(B)$
$=47-28$
$=19$（人）
としてもよい。

3 場合の数（1）樹形図，和の法則（p.8）

10 樹形図をかくと，次のようになる。

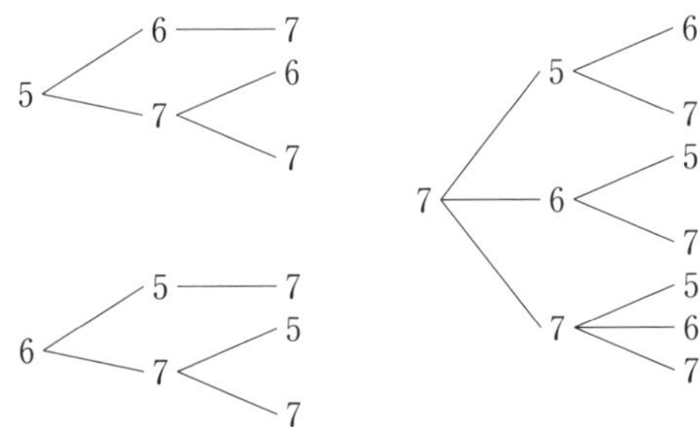

よって，求める場合の数は　**13 通り**

11　赤，白のさいころの目を $(x,\ y)$ で表すと

(i)　目の和が 9 になる場合は

$(3,\ 6)\ (4,\ 5)\ (5,\ 4)\ (6,\ 3)$　の 4 通り

(ii)　目の和が 10 になる場合は

$(4,\ 6)\ (5,\ 5)\ (6,\ 4)$　の 3 通り

(iii)　目の和が 11 になる場合は

$(5,\ 6)\ (6,\ 5)$　の 2 通り

(iv)　目の和が 12 になる場合は

$(6,\ 6)$ の 1 通り

(i), (ii), (iii), (iv)はどれも同時には起こらないから，求める場合の数は，和の法則より

$4+3+2+1=$**10（通り）**

12　樹形図をかくと，次のようになる。

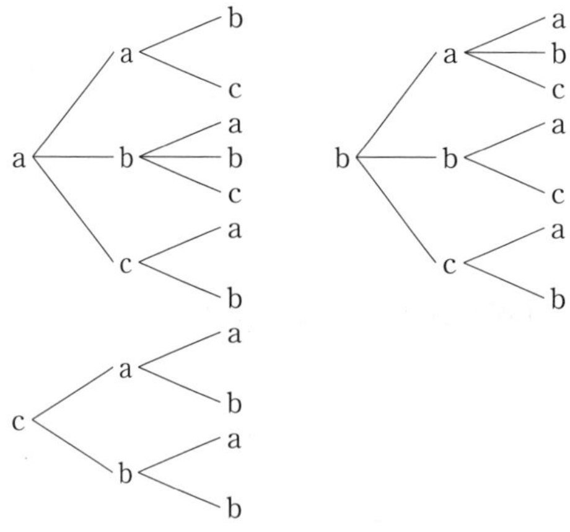

よって，求める場合の数は　**18 通り**

13　各硬貨の枚数を樹形図で表すと，次のようになる。

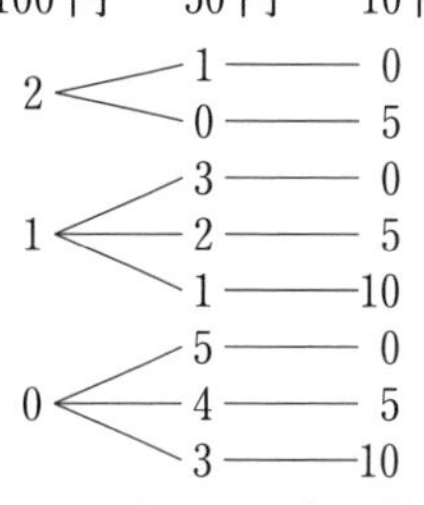

よって，求める場合の数は　**8 通り**

14　A が勝つことを A，B が勝つことを B と表して樹形図をかくと，次のようになる。

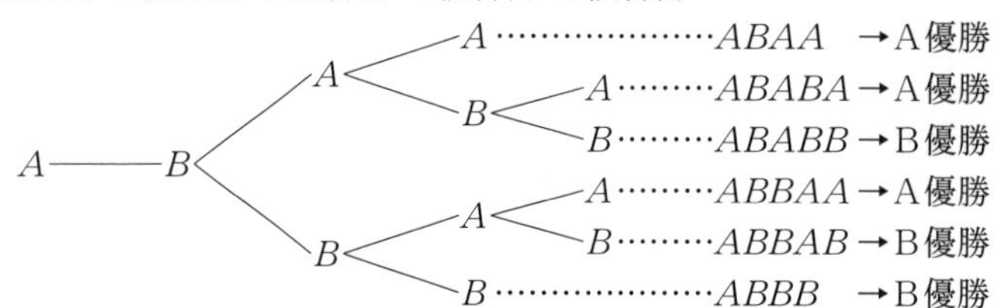

よって，優勝の決まり方は　**6 通り**

和の法則

同時に起こらない 2 つのことがら A，B について

A の起こる場合が m 通り

B の起こる場合が n 通り

のとき，A または B の起こる場合の数は

$m+n$（通り）

15　樹形図をかくと，次のようになる。

百　十　一　百　十　一　百　十　一

1 ─ 0 ─ 1, 2, 3
1 ─ 1 ─ 0, 2, 3
1 ─ 2 ─ 0, 1, 3
1 ─ 3 ─ 0, 1, 2

2 ─ 0 ─ 1, 3
2 ─ 1 ─ 0, 1, 3
2 ─ 3 ─ 0, 1

3 ─ 0 ─ 1, 2
3 ─ 1 ─ 0, 1, 2
3 ─ 2 ─ 0, 1

よって，求める場合の数は　**26 通り**

⬅百の位が 0 のときは，2 桁となってしまう。

16　大きい方の目が x，小さい方の目が y である場合を $(x,\ y)$ と表す。

(1)　(i)　目の和が 3 になる場合は

(1，2) (2，1)　の 2 通り

(ii)　目の和が 6 になる場合は

(1，5) (2，4) (3，3) (4，2) (5，1)　の 5 通り

(iii)　目の和が 9 になる場合は

(3，6) (4，5) (5，4) (6，3)　の 4 通り

(iv)　目の和が 12 になる場合は

(6，6)　の 1 通り

(i)，(ii)，(iii)，(iv)はどれも同時には起こらないから，求める場合の数は，和の法則より

2+5+4+1=**12（通り）**

⬅目の和が 3 の倍数となるのは，3，6，9，12 のとき。

(2)　(i)　目の和が 10 になる場合は

(4，6) (5，5) (6，4)　の 3 通り

(ii)　目の和が 11 になる場合は

(5，6) (6，5)　の 2 通り

(iii)　目の和が 12 になる場合は

(6，6)　の 1 通り

(i)，(ii)，(iii)はどれも同時には起こらないから，求める場合の数は，和の法則より

3+2+1=**6（通り）**

⬅目の和が 10 以上となるのは，10，11，12 のとき。

JUMP 3

万の位が 1 の 5 桁の整数を，小さい方から順に樹形図をかくと，次のようになる。

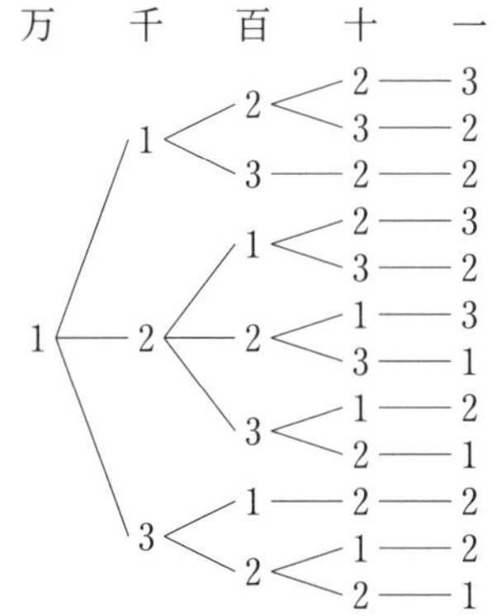

考え方　小さい方から順に樹形図をかいて考える。

よって，樹形図より，小さい方から 10 番目の整数は　**13122**

4 場合の数(2) 積の法則(p.10)

17 ケーキの選び方は 5 通りあり，このそれぞれの場合について，飲み物の選び方は 3 通りずつある。
よって，求める場合の数は，積の法則より
$5\times3=$**15 (通り)**

積の法則
2 つのことがら A，B について
A の起こる場合が m 通り
B の起こる場合が n 通り
のとき，A，B がともに起こる場合の数は
$m\times n$ 通り

18 112 を素因数分解すると　$112=2^4\times7$
ゆえに，112 の正の約数は，2^4 の正の約数の 1 つと 7 の正の約数の 1 つの積で表される。
2^4 の正の約数は 1，2，2^2，2^3，2^4 の 5 個あり，
7 の正の約数は 1，7 の 2 個ある。
よって，112 の正の約数の個数は，積の法則より
$5\times2=$**10 (個)**

	1	2	2^2	2^3	2^4
1	1	2	4	8	16
7	7	14	28	56	112

19 植木鉢の選び方は 3 通りあり，このそれぞれの場合について，花の選び方は 4 通りずつある。
よって，求める場合の数は，積の法則より
$3\times4=$**12 (通り)**

20 A 市から B 市へ行く行き方は 4 通りあり，このそれぞれの場合について，B 市から C 市へ行く行き方は 3 通りずつある。
よって，求める場合の数は，積の法則より
$4\times3=$**12 (通り)**

21 216 を素因数分解すると　$216=2^3\times3^3$
ゆえに，216 の正の約数は，2^3 の正の約数の 1 つと 3^3 の正の約数の 1 つの積で表される。
2^3 の正の約数は 1，2，2^2，2^3 の 4 個あり，
3^3 の正の約数は 1，3，3^2，3^3 の 4 個ある。
よって，216 の正の約数の個数は，積の法則より
$4\times4=$**16 (個)**

	1	2	2^2	2^3
1	1	2	4	8
3	3	6	12	24
3^2	9	18	36	72
3^3	27	54	108	216

22 奇数の目の出方は，大中小どのさいころも 3 通りずつある。よって，求める場合の数は，積の法則より
$3\times3\times3=$**27 (通り)**

←奇数の目の出方は 1，3，5 の 3 通り。

23 行きの道順について，A 市から B 市へ行く行き方は 3 通りあり，そのそれぞれについて，B 市から C 市へ行く行き方は，2 通りずつある。
また，行きそれぞれの道順について，帰りの道順は，
C 市から B 市へ行く行き方は，行きに通った道をのぞき 1 通りあり，
B 市から A 市へ行く行き方は，行きに通った道をのぞき 2 通りある。
よって，求める場合の数は，積の法則より
$3\times2\times1\times2=$**12 (通り)**

←行きと帰りで同じ道は通らない。

24 540 を素因数分解すると　$540=2^2\times3^3\times5$
ゆえに，540 の正の約数は，2^2 の正の約数の 1 つと 3^3 の正の約数の 1 つと 5 の正の約数の 1 つの積で表される。

2^2 の正の約数は 1，2，2^2 の 3 個あり，
3^3 の正の約数は 1，3，3^2，3^3 の 4 個あり，
5 の正の約数は 1，5 の 2 個ある。
よって，540 の正の約数の個数は，積の法則より
$3\times4\times2=$**24（個）**

JUMP 4

792 を素因数分解すると　$792=2^3\times3^2\times11$
ゆえに，792 の正の約数は，2^3 の正の約数の 1 つと 3^2 の正の約数の 1 つと 11 の正の約数の 1 つの積で表される。
2^3 の正の約数は 1，2，2^2，2^3 の 4 個であるが，ここで 1 以外を選べば，約数は偶数になる。
3^2 の正の約数は 1，3，3^2 の 3 個あり，
11 の正の約数は 1，11 の 2 個ある。
よって，792 の正の約数のうち，偶数の個数は，積の法則より
$3\times3\times2=$**18（個）**

考え方　偶数は，2 を因数にもつ。

5 順列(1) (p.12)

25 (1) ${}_7P_3=7\cdot6\cdot5=$**210**
(2) ${}_{10}P_2=10\cdot9=$**90**
(3) ${}_5P_5=5\cdot4\cdot3\cdot2\cdot1=$**120**
(4) $6!=6\cdot5\cdot4\cdot3\cdot2\cdot1=$**720**

順列
${}_nP_r=n(n-1)(n-2)\cdots\cdots(n-r+1)$

26 求める整数の総数は，6 個から 4 個を選んで 1 列に並べる順列の総数に等しいので
${}_6P_4=6\cdot5\cdot4\cdot3=$**360（通り）**

27 (1) ${}_5P_2=5\cdot4=$**20**
(2) ${}_{10}P_3=10\cdot9\cdot8=$**720**
(3) ${}_7P_7=7\cdot6\cdot5\cdot4\cdot3\cdot2\cdot1=$**5040**
(4) $8!=8\cdot7\cdot6\cdot5\cdot4\cdot3\cdot2\cdot1=$**40320**

28 求める並べ方の総数は，5 文字から 3 文字を選んで 1 列に並べる順列の総数に等しいので
${}_5P_3=5\cdot4\cdot3=$**60（通り）**

29 4 桁の整数が偶数になるためには，一の位が偶数であればよい。
ゆえに，一の位は 2，4，6，8 の 4 通りある。
このそれぞれの場合について，千の位，百の位，十の位には，残り 7 個の数字から 3 個を選んで 1 列に並べればよいから，その並べ方は
${}_7P_3=7\cdot6\cdot5=210$（通り）
よって，4 桁の偶数の総数は，積の法則より
$4\times210=$**840（通り）**

30 求める並び方の総数は，5 人が 1 列に並ぶ順列の総数に等しいので
${}_5P_5=5\cdot4\cdot3\cdot2\cdot1=$**120（通り）**

31 求める塗り分け方の総数は，18 色から 3 色を選んで 1 列に並べる順列の総数に等しいので

$_{18}P_3=18\cdot17\cdot16=$ **4896（通り）**

JUMP 5

各位の数の和が 3 の倍数になる組合せは

(1, 2, 3), (1, 3, 5), (2, 3, 4), (3, 4, 5) の 4 通りある。

このそれぞれの場合について，数字の並び方は $_3P_3$ 通りずつある。

よって，求める整数の個数は，積の法則より

$4\times{}_3P_3=4\times6=$ **24（通り）**

考え方 各位の数の和が 3 の倍数になる。

6 順列(2) 順列の利用(p.14)

32 千の位には，0 以外の数字を選んで並べればよいから，5 通りある。このそれぞれの場合について，下 3 桁には，0 を含めた残りの数字 5 個の中から 3 個を選んで並べればよいから，その並べ方は

$_5P_3=5\cdot4\cdot3=60$（通り）ずつある。

よって，求める整数の総数は，積の法則より

$5\times60=$ **300（通り）**

33 男女どちらか 3 人が先に並び，その間と 1 番後ろの計 3 か所に残り 3 人が並べばよい。男女 3 人の並び方はそれぞれ $_3P_3=6$（通り）ずつあり，先頭が男子の場合，女子の場合の 2 通りある。

よって，求める並び方の総数は，積の法則より

$6\times6\times2=$ **72（通り）**

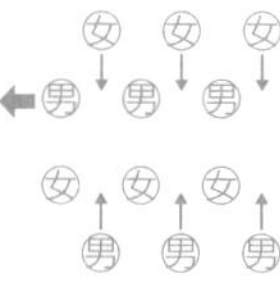

34 一の位が 0 の場合，百の位，十の位に残り 5 個の数字から 2 個の数字を選んで並べればよいから

$_5P_2=5\cdot4=20$（通り）

一の位が 2 または 4 の場合，一の位は 2 または 4 の 2 通り，百の位は一の位で使った数字と 0 以外の 4 通り，十の位は残り 4 個の数字の 4 通りであるから

$2\times4\times4=32$（通り）

よって，求める整数の総数は，和の法則より

$20+32=$ **52（通り）**

35 A と B をひとまとめにして 1 文字と考えると，5 文字を 1 列に並べる並べ方は $_5P_5=120$（通り）

このそれぞれの場合について，A と B の並べ方が 2 通りある。

よって，求める並べ方の総数は，積の法則より

$120\times2=$ **240（通り）**

← (AB), C, D, E, F

36 一の位は 1, 3, 5 の 3 通り，百の位は一の位で使った数字と 0 以外の 5 通り，十の位は残り 5 個の数字の 5 通りとなる。

よって，求める整数の総数は，積の法則より

$3\times5\times5=$ **75（通り）**

37 (1) 女子 3 人をひとまとめにして 1 人と考えると，6 人が横 1 列に並ぶ並び方は

$_6P_6=6!=720$（通り）

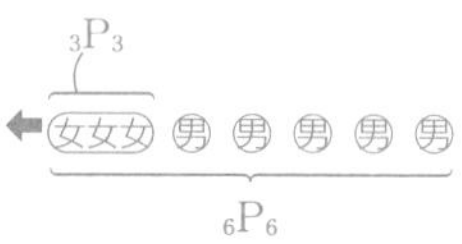

このそれぞれの場合について，女子３人の並び方は

$_3P_3=3!=6$（通り）

よって，並び方の総数は，積の法則より

$6!\times3!=720\times6=$**4320（通り）**

(2) 女子３人のうち，両端にくる女子２人の並び方は

$_3P_2=6$（通り）

このそれぞれの場合について，残りの女子１人と男子５人の計６人がその間に１列に並ぶ並び方は

$_6P_6=6!=720$（通り）

よって，並び方の総数は，積の法則より

$_3P_2\times6!=6\times720=$**4320（通り）**

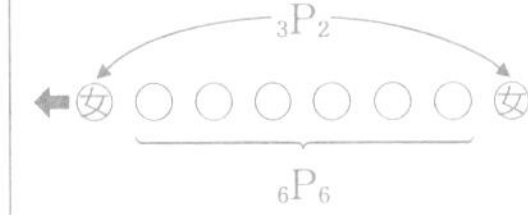

JUMP 6

A，B，C，D，E の５文字を１列に並べる並べ方は

$5!=120$（通り）

そのうち，A と B が隣り合う場合は，A と B をひとまとめにして１文字と考えると

$_4P_4=24$（通り）

このそれぞれの場合について，A と B の並び方が２通りある。

よって，A と B の２文字が隣り合う並べ方は　$24\times2=48$（通り）

したがって，求める並べ方の総数は　$120-48=$**72（通り）**

考え方 「すべての並べ方」から「隣り合う並べ方」を除く。

←(AB が隣り合わない並べ方)＝(5 文字の並べ方)－(AB が隣り合う並べ方)

7 順列(3)　円順列・重複順列(p.16)

38　8 人の円順列であるから　$(8-1)!=$**5040（通り）**

39　4 個のものから 3 個を取る重複順列であるから　$4^3=$**64（通り）**

40　異なる 6 個のものの円順列であるから　$(6-1)!=$**120（通り）**

41　5 人それぞれについて，音楽，美術，書道の 3 通りの選択の方法がある。

よって，選択の方法の総数は　$3^5=$**243（通り）**

42　5 個のものから 3 個を取る重複順列であるから　$5^3=$**125（通り）**

43 (1) 男子 2 人をひとまとめにして，7 人の円順列と考えると

$(7-1)!=720$（通り）

このそれぞれの場合について，男子 2 人の座り方が 2 通りある。

よって，求める座り方の総数は　$720\times2=$**1440（通り）**

(2) 男子 2 人のうち一方の席が決まれば，もう一方の席もただ 1 通りに決まる。ゆえに，残り 6 つの席に女子 6 人が座る順列を考えればよい。

よって，求める座り方の総数は

$_6P_6=6!=$**720（通り）**

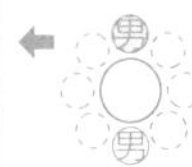

44　1 人につき出し方は 3 通りあるので，5 人の出し方の総数は

$3^5=$**243（通り）**

円順列
異なる n 個のものの円順列の総数は
$(n-1)!$

重複順列
異なる n 個のものから r 個を取り出して並べる重複順列の総数は
$\underbrace{n\times n\times\cdots\cdots\times n}_{r\text{個}}=n^r$

1 章　場合の数と確率

JUMP 7

まず，子ども 6 人の席を決める。

6 人の円順列は　$(6-1)!=5!=120$（通り）

次に子ども 6 人の間の 6 か所から 3 か所を選んで，大人 3 人の席を決める。

大人 3 人の席の決め方は　${}_6P_3=6\cdot5\cdot4=120$（通り）

よって，求める座り方の総数は，積の法則より

$120\times120=$ **14400（通り）**

考え方　子ども 6 人の席を先に決めて，その間に大人 3 人を座らせる。

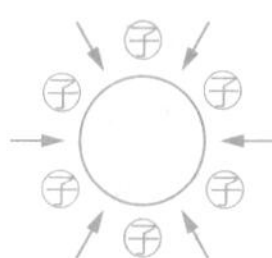

8 組合せ(1) (p.18)

組合せ

$${}_nC_r=\frac{{}_nP_r}{r!}=\frac{n(n-1)(n-2)\cdots\cdots(n-r+1)}{r(r-1)(r-2)\cdots\cdots3\cdot2\cdot1}$$

$${}_nC_r={}_nC_{n-r}$$

45 (1)　${}_7C_3=\frac{7\cdot6\cdot5}{3\cdot2\cdot1}=\mathbf{35}$

(2)　${}_8C_6={}_8C_2=\frac{8\cdot7}{2\cdot1}=\mathbf{28}$

(3)　${}_4C_4=\frac{4\cdot3\cdot2\cdot1}{4\cdot3\cdot2\cdot1}=\mathbf{1}$

(4)　${}_5C_0=\mathbf{1}$

46 (1)　${}_9C_3=\frac{9\cdot8\cdot7}{3\cdot2\cdot1}=$ **84（通り）**

(2)　${}_9C_7={}_9C_2=\frac{9\cdot8}{2\cdot1}=$ **36（通り）**

47　${}_{30}C_2=\frac{30\cdot29}{2\cdot1}=$ **435（通り）**

48　${}_{15}C_3=\frac{15\cdot14\cdot13}{3\cdot2\cdot1}=$ **455（通り）**

49 (1)　A 組 10 人から 2 人を選ぶ選び方は

${}_{10}C_2=\frac{10\cdot9}{2\cdot1}=45$（通り）

このそれぞれの場合について，B 組 8 人から 2 人を選ぶ選び方は

${}_8C_2=\frac{8\cdot7}{2\cdot1}=28$（通り）

よって，選び方の総数は，積の法則より

$45\times28=$ **1260（通り）**

(2)　A 組，B 組あわせて 18 人から 4 人を選ぶ選び方は

${}_{18}C_4=\frac{18\cdot17\cdot16\cdot15}{4\cdot3\cdot2\cdot1}=3060$（通り）

このうち，4 人とも B 組から選ぶ選び方は

${}_8C_4=\frac{8\cdot7\cdot6\cdot5}{4\cdot3\cdot2\cdot1}=70$（通り）

よって，少なくとも 1 人は A 組の委員を含む選び方の総数は

$3060-70=$ **2990（通り）**

A	B	
4 人	0 人	少なくとも 1 人は A 組
3 人	1 人	
2 人	2 人	
1 人	3 人	
0 人	4 人…4 人とも B 組	

50 (1)　絵札 3 枚から 2 枚を取り出す取り出し方は

${}_3C_2={}_3C_1=3$（通り）

このそれぞれの場合について，数字札 10 枚から 3 枚を取り出す取り出し方は

$${}_{10}C_3=\frac{10\cdot9\cdot8}{3\cdot2\cdot1}=120\text{（通り）}$$

よって，求める取り出し方の総数は，積の法則より

$3\times120=$**360（通り）**

(2) ハートのカード 13 枚から 5 枚のカードを取り出す取り出し方は

$${}_{13}C_5=\frac{13\cdot12\cdot11\cdot10\cdot9}{5\cdot4\cdot3\cdot2\cdot1}=1287\text{（通り）}$$

このうち絵札を含まない取り出し方は

$${}_{10}C_5=\frac{10\cdot9\cdot8\cdot7\cdot6}{5\cdot4\cdot3\cdot2\cdot1}=252\text{（通り）}$$

よって，求める取り出し方の総数は

$1287-252=$**1035（通り）**

51 (1) 男子 5 人のうち，太郎さんを除く 4 人から 2 人を選び，女子 4 人のうち，花子さんを除く 3 人から 1 人を選ぶ選び方の総数であるから

$${}_4C_2\times{}_3C_1=\frac{4\cdot3}{2\cdot1}\times3=\textbf{18（通り）}$$

(2) 男子 5 人のうち，太郎さんを除く 4 人から 2 人を選び，女子 4 人のうち，花子さんを除く 3 人から 2 人を選ぶ選び方の総数であるから

$${}_4C_2\times{}_3C_2=\frac{4\cdot3}{2\cdot1}\times3=\textbf{18（通り）}$$

JUMP 8

考え方 和が奇数になる 3 つの数のうちわけ（奇数と偶数の個数）を考える。

1 から 11 までに奇数が 6 つ，偶数が 5 つある。

3 つの数を選ぶとき，和が奇数になるのは

(i) 奇数を 3 つ選ぶ場合

$${}_6C_3=\frac{6\cdot5\cdot4}{3\cdot2\cdot1}=20\text{（通り）}$$

(ii) 奇数を 1 つ，偶数を 2 つ選ぶ場合

$${}_6C_1\times{}_5C_2=6\times\frac{5\cdot4}{2\cdot1}=60\text{（通り）}$$

よって，(i)，(ii)より，求める選び方の総数は，和の法則より

$20+60=$**80（通り）**

9 組合せ (2)　組合せの利用・組分け (p.20)

52 (1) ${}_5C_3={}_5C_2=\frac{5\cdot4}{2\cdot1}=$**10（個）**

(2) ${}_5C_2-5=\frac{5\cdot4}{2\cdot1}-5=10-5=$**5（本）**

⬅5 個の頂点から 2 個選び，辺となる 5 通りを除けばよい。

53 (1) ${}_3C_2={}_3C_1=$**3（通り）**

(2) ${}_3C_2\times{}_4C_2=3\times\frac{4\cdot3}{2\cdot1}=$**18（個）**

⬅横線から 2 本，斜線から 2 本選ぶ。

54 (1) ${}_6C_2\times{}_4C_4=\frac{6\cdot5}{2\cdot1}\times1=$**15（通り）**

(2) ${}_6C_3\times{}_3C_3=\frac{6\cdot5\cdot4}{3\cdot2\cdot1}\times1=$**20（通り）**

(3) (2)でA，Bの組の区別をなくすと，同じ組分けになるものはそれぞれ2!通りずつある。よって，求める分け方の総数は

$\dfrac{20}{2!}=$**10（通り）**

← A ①②③ B ④⑤⑥
A ④⑤⑥ B ①②③
の2!通りが同じ組分け

55 (1) ${}_8C_2\times{}_6C_2\times{}_4C_2\times{}_2C_2=\dfrac{8\cdot7}{2\cdot1}\times\dfrac{6\cdot5}{2\cdot1}\times\dfrac{4\cdot3}{2\cdot1}\times1=$**2520（通り）**

(2) (1)でA，B，C，Dの箱の区別をなくすと，同じ組分けになるものが，それぞれ4!通りずつある。
よって，求める分け方の総数は

$\dfrac{2520}{4!}=$**105（通り）**

←4つの箱を区別しない数え方では，同じものが4!通りずつできる。

56 (1) ${}_{10}C_2\times{}_8C_3\times{}_5C_5=\dfrac{10\cdot9}{2\cdot1}\times\dfrac{8\cdot7\cdot6}{3\cdot2\cdot1}\times1=$**2520（通り）**

(2) 10個の缶詰から3個，3個，4個に分けたとき，3個のセット2つは区別しない。
よって，求める缶詰のセットの総数は

$\dfrac{{}_{10}C_3\times{}_7C_3\times{}_4C_4}{2!}=$**2100（通り）**

JUMP 9

考え方 (1)正方形の大きさで場合分けして考える。

(1) (i) 一辺が1cmの正方形が20個
(ii) 一辺が2cmの正方形が12個
(iii) 一辺が3cmの正方形が6個
(iv) 一辺が4cmの正方形が2個
であるから，正方形の個数は，和の法則より
$20+12+6+2=$**40（個）**

(2) 正方形を含む長方形の個数は，横線5本から2本，縦線6本から2本選ぶ選び方の総数である。
よって，積の法則より　${}_5C_2\times{}_6C_2=\dfrac{5\cdot4}{2\cdot1}\times\dfrac{6\cdot5}{2\cdot1}=150$（個）
したがって，正方形でない長方形の個数は
$150-40=$**110（個）**

10 組合せ(3)　同じものを含む順列(p.22)

57 8個の中にAが4個，Bが3個，Cが1個あるから，求める並べ方の総数は

$\dfrac{8!}{4!3!1!}=$**280（通り）**

58 右へ1区画進むことをa，上へ1区画進むことをbと表すと，最短経路で行く道順の総数は，4個のaと2個のbを1列に並べる順列の総数に等しい。

よって　$\dfrac{6!}{4!2!}=$**15（通り）**

別解　AからBへ行くには，右へ4区画，上へ2区画進めばよい。
よって，6区画のうち上へ進む2区画をどこにするか選べば，AからBまで行く最短経路が1つずつ定まる。
よって，求める道順の総数は

同じものを含む順列
n個のものの中に，同じものがそれぞれ，p個，q個，r個あるとき，これらn個のものすべてを1列に並べる順列の総数は
$\dfrac{n!}{p!q!r!}$
$(p+q+r=n)$

$_6C_2=\dfrac{6\cdot5}{2\cdot1}=\mathbf{15}$ **（通り）**

59 (1) 7個の中にAが4個，Kが2個，Sが1個あるから，求める並べ方の総数は

$$\frac{7!}{4!2!1!}=\mathbf{105}\ \text{（通り）}$$

⬅同じものを含む順列

(2) 左端を除く6か所にA 4個，K 2個を並べる並べ方だから，求める並べ方の総数は

$$\frac{6!}{4!2!}=\mathbf{15}\ \text{（通り）}$$

⬅左端と決まっているS以外の6個について考える。

(3) 両端を除く5か所にA 2個，K 2個，S 1個を並べる並べ方だから，求める並べ方の総数は

$$\frac{5!}{2!2!1!}=\mathbf{30}\ \text{（通り）}$$

⬅Aは4個あるので，両端を除くと2個残る。

60 (1) 6個の中に，1が3個，2が1個，3が2個あるから，求める6桁の整数の総数は

$$\frac{6!}{3!1!2!}=\mathbf{60}\ \text{（通り）}$$

⬅同じものを含む順列

⬅$\dfrac{6!}{3!1!2!}$ は $\dfrac{6!}{3!2!}$ としてもよい。

(2) 偶数であるためには，一の位が2でなければならない。
よって，6桁の偶数の総数は，残りの5個の数字1，1，1，3，3を1列に並べる順列の総数に等しい。
したがって，求める偶数の総数は　$\dfrac{5!}{3!2!}=\mathbf{10}$ **（通り）**

⬅3個の1と2個の3を1列に並べる順列と考える。

61 (1) 右へ1区画進むことを a，上へ1区画進むことを b と表すと，最短経路で行く道順の総数は，5個の a と3個の b を1列に並べる順列の総数に等しい。
よって　$\dfrac{8!}{5!3!}=\mathbf{56}$ **（通り）**

⬅類題58別解と同様に $_8C_3$ としても求められる。

(2) (i) AからCへの最短経路は

$$\frac{3!}{2!1!}=3\ \text{（通り）}$$

⬅まず，Cを通る最短経路の数を求める。

(ii) CからBへの最短経路は

$$\frac{5!}{3!2!}=10\ \text{（通り）}$$

(i), (ii)より，AからCを通ってBまで行く最短経路は，積の法則より　$3\times10=30$（通り）
よって，求める最短経路は　$56-30=\mathbf{26}$ **（通り）**

62 (1) AからCを通りBへ行く最短経路は

$$\frac{6!}{3!3!}\times\frac{5!}{3!2!}=\mathbf{200}\ \text{（通り）}$$

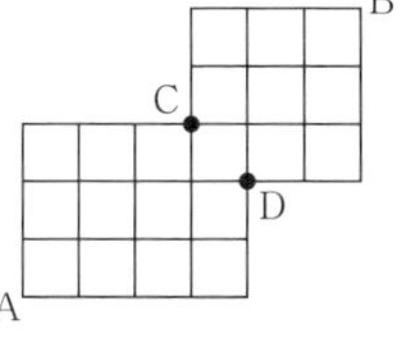

(2) AからDを通りBへ行く最短経路は

$$\frac{6!}{4!2!}\times\frac{5!}{2!3!}=\mathbf{150}\ \text{（通り）}$$

(3) (1), (2)より，求める最短経路は，和の法則より
$200+150=\mathbf{350}$ **（通り）**

⬅CとDの両方を通ると，AからBまで行く最短経路にならない。

JUMP 10

A 3 個，B 2 個，C，D 1 個ずつの 7 文字すべてを 1 列に並べる並べ方の総数は

$$\frac{7!}{3!2!1!1!}=420\text{（通り）}$$

このうち，B 2 個が隣り合う並べ方は，B 2 個を 1 文字と考えて

$$\frac{6!}{3!1!1!1!}=120\text{（通り）}$$

よって，B が隣り合わない並べ方の総数は

420－120＝**300（通り）**

考え方 「すべての並べ方」から「B が隣り合う並べ方」を除く。

まとめの問題　場合の数と確率②（p.24）

1　樹形図をかくと，次のようになる。

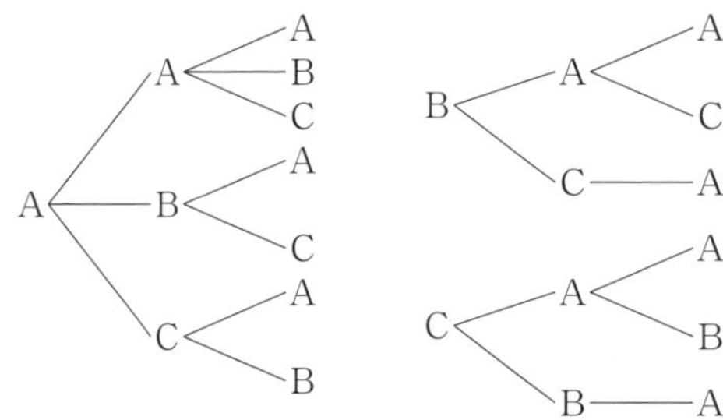

よって，求める場合の数は　**13 通り**

2　(1)　一の位は 1，3，5 の 3 通り，百の位は一の位で使った数字と 0 以外の 5 通り，十の位は残り 5 個の数字の 5 通りとなる。

よって，求める 3 桁の奇数の整数の総数は，積の法則より

$3\times5\times5=$**75（通り）**

←百の位が 0 のときは，2 桁となってしまう。

(2)　一の位は 0，5 の 2 通りである。

(i)　一の位が 0 のとき

百の位は残り 6 個の数字の 6 通り，

十の位は残り 5 個の数字の 5 通りとなる。

よって，このときの 5 の倍数の総数は

$6\times5=30$（通り）

(ii)　一の位が 5 のとき

百の位は 0 と 5 以外の 5 通り，

十の位は百の位の数字と 5 以外の 5 通りとなる。

よって，このときの 5 の倍数の総数は

$5\times5=25$（通り）

(i), (ii)は同時には起こらないから，3 桁の 5 の倍数の総数は，和の法則より

$30+25=$**55（通り）**

3　1000 を素因数分解すると　$1000=2^3\times5^3$

ゆえに，1000 の正の約数は，2^3 の正の約数の 1 つと 5^3 の正の約数の 1 つの積で表される。

2^3 の正の約数は 1，2，2^2，2^3 の 4 個あり，

5^3 の正の約数は 1，5，5^2，5^3 の 4 個ある。

よって，1000 の正の約数の個数は，積の法則より

$4\times4=$**16（個）**

←

	2^0	2^1	2^2	2^3
5^0	1	2	4	8
5^1	5	10	20	40
5^2	25	50	100	200
5^3	125	250	500	1000

4 (1) 両端にくる母音の並べ方は

$_3P_2=6$（通り）

このそれぞれの場合について，残りの母音1つと子音4つの計5つをその間に並べる並べ方は

$_5P_5=5!=120$（通り）

よって，並べ方の総数は，積の法則より

$6\times120=$**720（通り）**

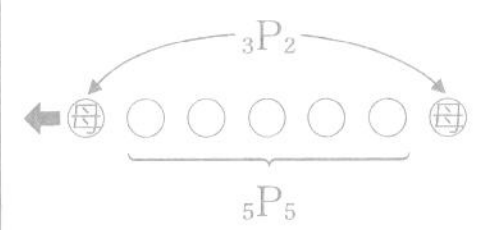

(2) 母音3つをひとまとめにして1つと考えたとき，子音4つと合わせた計5つを横1列に並べる並べ方は

$_5P_5=5!=120$（通り）

このそれぞれの場合について，母音3つの並べ方は

$_3P_3=3!=6$（通り）

よって，並べ方の総数は，積の法則より

$120\times6=$**720（通り）**

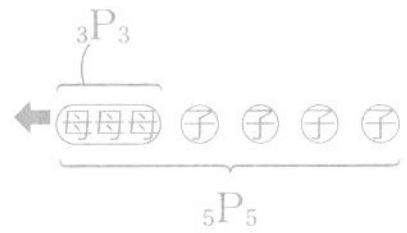

5 女子3人をひとまとめにして1人と考えたとき，4人の円順列と考えると

$(4-1)!=6$（通り）

このそれぞれの場合について，女子3人の座り方は $_3P_3=3!$（通り）

よって，求める座り方の総数は

$6\times3!=6\times6=$**36（通り）**

> **円順列**
> 異なる n 個のものの円順列の総数は
> $(n-1)!$

6 (1) 選んだ2人を区別するので

$_{15}P_2=$**210（通り）**

← 15人から2人を取る順列

(2) 選んだ2人を区別しないので $_{15}C_2=$**105（通り）**

← 15人から2人を取る組合せ

(3) 全体から3人の代表を選ぶ方法は $_{15}C_3=455$（通り）

このうち男子のみの選び方は $_{10}C_3=120$（通り）

よって，少なくとも女子1人を含む選び方の総数は

$455-120=$**335（通り）**

7 8人から2人1組ずつ順に分けていくと考えると

$$_8C_2\times{}_6C_2\times{}_4C_2\times{}_2C_2=\frac{8\cdot7}{2\cdot1}\times\frac{6\cdot5}{2\cdot1}\times\frac{4\cdot3}{2\cdot1}\times1=2520\text{（通り）}$$

また，この4組を分ける順序は区別しない。

← 4組を順にA，B，C，Dとすると，A～Dに区別はない。

よって，4組に分ける分け方の総数は

$\dfrac{2520}{4!}=$**105（通り）**

8 (1) 6個の中に1が2個，2が2個，3が2個あるから，求める整数の総数は $\dfrac{6!}{2!2!2!}=$**90（通り）**

(2) 偶数となるためには，一の位は2でなければならないので，1通り。

残り5個の数字1，1，2，3，3を1列に並べる並べ方は

$\dfrac{5!}{2!1!2!}=30$（通り）

よって，求める偶数の総数は

$1\times30=$**30（通り）**

> **同じものを含む順列**
> n 個のものの中に同じものがそれぞれ，p 個，q 個，r 個あるとき，これら n 個のものすべてを1列に並べる順列の総数は
> $\dfrac{n!}{p!q!r!}$
> $(p+q+r=n)$

11 事象と確率（1）(p.26)

63　全事象 U は $U=\{1,\ 2,\ 3,\ 4,\ 5,\ 6\}$ と表される。

⬅ $n(U)=6$

このうち，「3 以上の目が出る」事象 A は

$A=\{3,\ 4,\ 5,\ 6\}$ である。

⬅ $n(A)=4$

よって，求める確率は

$$P(A)=\frac{4}{6}=\mathbf{\frac{2}{3}}$$

64　全事象 U は $U=\{1,\ 2,\ 3,\ \cdots\cdots,\ 9\}$ と表される。

⬅ $n(U)=9$

このうち，「番号が偶数である」事象 A は

$A=\{2,\ 4,\ 6,\ 8\}$ である。

⬅ $n(A)=4$

よって，求める確率は

$$P(A)=\mathbf{\frac{4}{9}}$$

65　全事象 U は，52 個の根元事象からなる。

このうち，「キングのカードである」事象 A は，4 通りである。

⬅キングのカードには，スペード，ハート，ダイヤ，クラブの 4 枚がある。

よって，求める確率は

$$P(A)=\frac{4}{52}=\mathbf{\frac{1}{13}}$$

66　大小 2 個のさいころの目の出方は全部で $6\times6=36$（通り）

⬅2 個のさいころには各々 6 通りの出方がある。

大＼小	1	2	3	4	5	6
1	2	3	4	5	6	7
2	3	4	5	6	7	8
3	4	5	6	7	8	9
4	5	6	7	8	9	10
5	6	7	8	9	10	11
6	7	8	9	10	11	12

目の和が 10 になるのは

(4, 6), (5, 5), (6, 4) の 3 通りである。

よって，求める確率は

$$\frac{3}{36}=\mathbf{\frac{1}{12}}$$

67　(1)　たとえば 3 枚とも表が出ることを（表，表，表）と表すと，全事象 U は

⬅樹形図をかくと

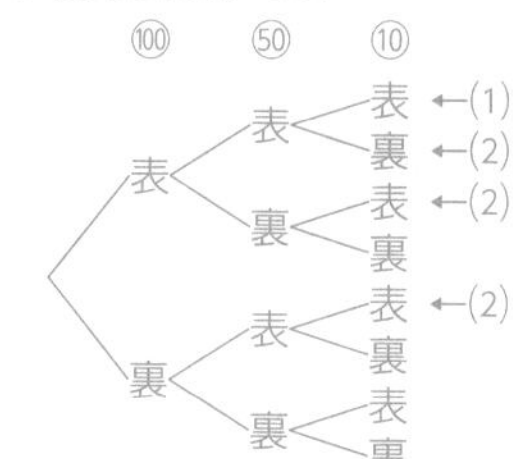

U＝{(表，表，表)，(表，表，裏)，(表，裏，表)，
(表，裏，裏)，(裏，表，表)，(裏，表，裏)，
(裏，裏，表)，(裏，裏，裏)}

と表される。

このうち，「3 枚とも表が出る」事象 A は

A＝{(表，表，表)} の 1 通りである。

よって，求める確率は

$$P(A)=\mathbf{\frac{1}{8}}$$

(2)　「2 枚だけが表となる」事象 B は

B＝{(表，表，裏)，(表，裏，表)，(裏，表，表)} の 3 通りである。

よって，求める確率は

$$P(B)=\mathbf{\frac{3}{8}}$$

68 (1) 大小 2 個のさいころの目の出方は全部で $6\times6=36$（通り）

目の和が 7 になるのは

(1, 6), (2, 5), (3, 4), (4, 3), (5, 2), (6, 1)

の 6 通りである。

よって，求める確率は

$$\frac{6}{36}=\mathbf{\frac{1}{6}}$$

大\小	1	2	3	4	5	6
1	2	3	4	5	6	7
2	3	4	5	6	7	8
3	4	5	6	7	8	9
4	5	6	7	8	9	10
5	6	7	8	9	10	11
6	7	8	9	10	11	12

(2) 目の和が 6 以下になるのは，「目の和が 2, 3, 4, 5, 6 になる」事象で，それぞれ 1, 2, 3, 4, 5 通りあり，あわせて

$1+2+3+4+5=15$（通り）

よって，求める確率は

$$\frac{15}{36}=\mathbf{\frac{5}{12}}$$

大\小	1	2	3	4	5	6
1	2	3	4	5	6	7
2	3	4	5	6	7	8
3	4	5	6	7	8	9
4	5	6	7	8	9	10
5	6	7	8	9	10	11
6	7	8	9	10	11	12

69 (1) 大小 2 個のさいころの目の出方は全部で $6\times6=36$（通り）

目の差が 3 になるのは

(1, 4), (2, 5), (3, 6), (4, 1), (5, 2), (6, 3)

の 6 通りである。

よって，求める確率は

$$\frac{6}{36}=\mathbf{\frac{1}{6}}$$

大\小	1	2	3	4	5	6
1	0	1	2	3	4	5
2	1	0	1	2	3	4
3	2	1	0	1	2	3
4	3	2	1	0	1	2
5	4	3	2	1	0	1
6	5	4	3	2	1	0

(2) 目の和が偶数になるのは，「目の和が 2, 4, 6, 8, 10, 12 になる」事象で，それぞれ 1, 3, 5, 5, 3, 1 通りあり，あわせて

$1+3+5+5+3+1=18$（通り）

よって，求める確率は

$$\frac{18}{36}=\mathbf{\frac{1}{2}}$$

大\小	1	2	3	4	5	6
1	2	3	4	5	6	7
2	3	4	5	6	7	8
3	4	5	6	7	8	9
4	5	6	7	8	9	10
5	6	7	8	9	10	11
6	7	8	9	10	11	12

(3) 目の積が 3 の倍数になるのは，右の表のように 20 通りである。

よって，求める確率は

$$\frac{20}{36}=\mathbf{\frac{5}{9}}$$

大\小	1	2	3	4	5	6
1	1	2	3	4	5	6
2	2	4	6	8	10	12
3	3	6	9	12	15	18
4	4	8	12	16	20	24
5	5	10	15	20	25	30
6	6	12	18	24	30	36

70 大中小 3 個のさいころの目の出方は全部で $6\times6\times6=216$（通り）

目の和が 5 になるのは

(1, 1, 3), (1, 2, 2), (1, 3, 1), (2, 1, 2), (2, 2, 1),
(3, 1, 1)

の 6 通りである。

よって，求める確率は

$$\frac{6}{216}=\mathbf{\frac{1}{36}}$$

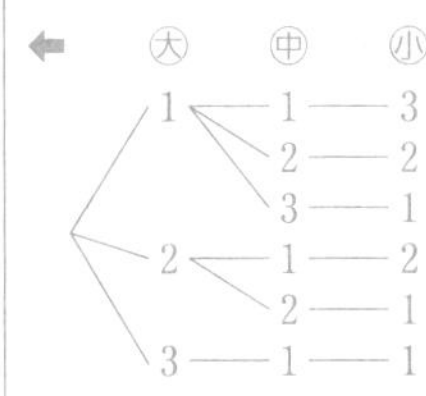

JUMP 11

大中小 3 個のさいころの目の出方は全部で $6\times6\times6=216$（通り）
「3 個とも異なる目が出る」事象について，大のさいころの目の出方は 6 通りある。このそれぞれの場合について中のさいころの目の出方は 5 通りずつ，さらに，そのそれぞれの場合について小のさいころの目の出方は 4 通りずつある。
よって，3 個とも異なる目が出る場合の数は　$6\times5\times4$（通り）
したがって，求める確率は

$$\frac{6\times5\times4}{216}=\frac{\mathbf{5}}{\mathbf{9}}$$

考え方　大→中→小のさいころの順に目の出方を考える。

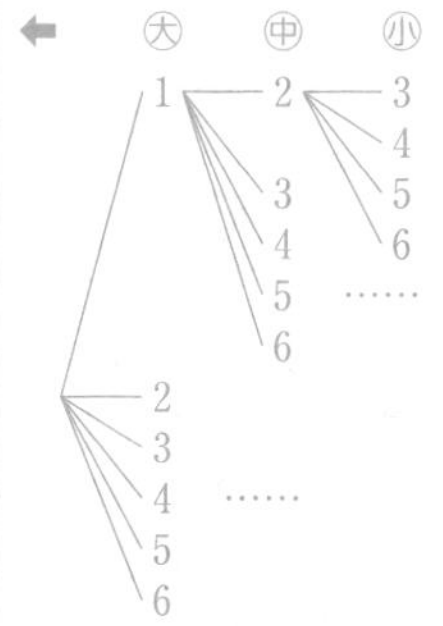

12 事象と確率(2)（p.28）

71 (1)　5 桁の整数の総数は　${}_5P_5=5!$（通り）
「5 の倍数となる」場合は，一の位が 5 で，他の位が 1，2，3，4 の順列の総数だけあるから
${}_4P_4=4!$（通り）
よって，求める確率は　$\frac{4!}{5!}=\frac{4\cdot3\cdot2\cdot1}{5\cdot4\cdot3\cdot2\cdot1}=\frac{\mathbf{1}}{\mathbf{5}}$

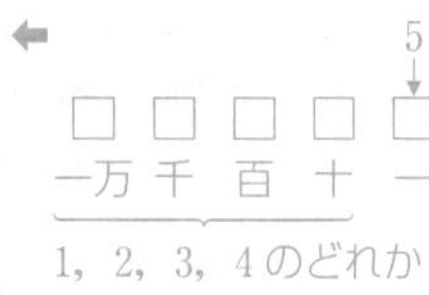

(2)「1 と 2 が一万の位と一の位にある」場合は，1，2 の順列の総数が 2!（通り），3，4，5 の順列の総数が 3!（通り）あるから
$2!\times3!$（通り）
よって，求める確率は　$\frac{2!\times3!}{5!}=\frac{2\cdot1\times3\cdot2\cdot1}{5\cdot4\cdot3\cdot2\cdot1}=\frac{\mathbf{1}}{\mathbf{10}}$

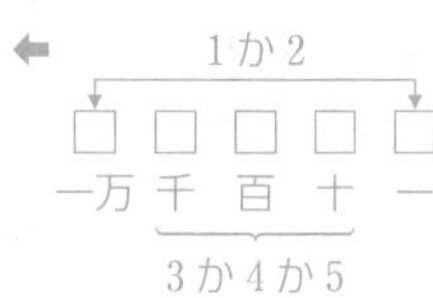

72 (1)　あわせて 9 個の球の中から 2 個の球を同時に取り出す取り出し方は　${}_9C_2$ 通り
「白球 2 個を取り出す」取り出し方は ${}_5C_2$ 通り
よって，求める確率は　$\frac{{}_5C_2}{{}_9C_2}=\frac{10}{36}=\frac{\mathbf{5}}{\mathbf{18}}$

←白球 5 個から 2 個取る ${}_5C_2$ 通り

(2)「赤球 1 個，白球 1 個を取り出す」取り出し方は
${}_4C_1\times{}_5C_1$（通り）
よって，求める確率は　$\frac{{}_4C_1\times{}_5C_1}{{}_9C_2}=\frac{20}{36}=\frac{\mathbf{5}}{\mathbf{9}}$

←赤球 4 個から 1 個取る ${}_4C_1$ 通り
白球 5 個から 1 個取る ${}_5C_1$ 通り
積の法則より ${}_4C_1\times{}_5C_1$

73 (1)　あわせて 6 人全員が横 1 列に並ぶ並び方は　${}_6P_6=6!$（通り）
「女子が両端に並ぶ」場合について，両端にくる女子の並び方は ${}_2P_2=2!$（通り）あり，このそれぞれの場合について，男子 4 人が横 1 列に並ぶ並び方は ${}_4P_4=4!$（通り）ずつあるから
$2!\times4!$（通り）
よって，求める確率は　$\frac{2!\times4!}{6!}=\frac{2\cdot1\times4\cdot3\cdot2\cdot1}{6\cdot5\cdot4\cdot3\cdot2\cdot1}=\frac{\mathbf{1}}{\mathbf{15}}$

←女子 2 人が入る
女 ○ ○ ○ ○ 女
男子 4 人が入る

(2)「男子 4 人全員が隣り合う」場合について，男子 4 人をひとまとめにして 1 人と考えると，3 人が横 1 列に並ぶ並び方は ${}_3P_3=3!$（通り）あり，このそれぞれの場合について，4 人の男子の並び方は ${}_4P_4=4!$（通り）ずつあるから
$3!\times4!$（通り）
よって，求める確率は　$\frac{3!\times4!}{6!}=\frac{3\cdot2\cdot1\times4\cdot3\cdot2\cdot1}{6\cdot5\cdot4\cdot3\cdot2\cdot1}=\frac{\mathbf{1}}{\mathbf{5}}$

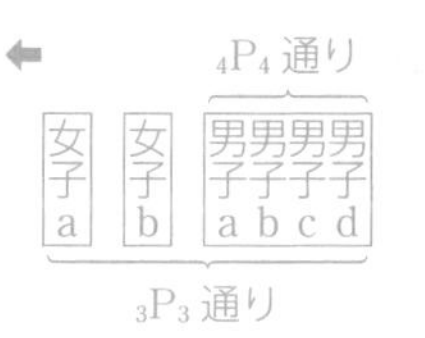

74 (1) 11 枚のカードの中から 3 枚を同時に引く引き方は $_{11}C_3$ 通り
「番号が 3 枚とも奇数である」引き方は $_6C_3$ 通り
よって，求める確率は $\dfrac{_6C_3}{_{11}C_3}=\dfrac{20}{165}=\mathbf{\dfrac{4}{33}}$

(2) 「番号が 2 枚偶数，1 枚奇数である」引き方は $_5C_2\times{}_6C_1$（通り）
よって，求める確率は $\dfrac{_5C_2\times{}_6C_1}{_{11}C_3}=\dfrac{60}{165}=\mathbf{\dfrac{4}{11}}$

←奇数は 1, 3, 5, 7, 9, 11 の 6 枚中から 3 枚引く $_6C_3$ 通り

←偶数は 2, 4, 6, 8, 10 の 5 枚中から 2 枚引く $_5C_2$ 通り

75 (1) 7 人が横 1 列に並ぶ並び方は $_7P_7=7!$（通り）
「a, b, c すべてが隣り合う」場合について，a, b, c をひとまとめにして 1 人と考えると，5 人が横 1 列に並ぶ並び方は $_5P_5=5!$（通り）あり，このそれぞれの場合について，a, b, c の 3 人の並び方は $_3P_3=3!$（通り）ずつあるから
$5!\times3!$（通り）
よって，求める確率は $\dfrac{5!\times3!}{7!}=\dfrac{5\cdot4\cdot3\cdot2\cdot1\times3\cdot2\cdot1}{7\cdot6\cdot5\cdot4\cdot3\cdot2\cdot1}=\mathbf{\dfrac{1}{7}}$

← $_3P_3$ 通り
○ [a b c] ○ ○ ○
$_5P_5$ 通り

(2) 「d の両隣に e, f が並ぶ」場合について，d, e, f をひとまとめにして 1 人と考えると，5 人が横 1 列に並び，このそれぞれの場合について，d, e, f の並び方は edf, fde の 2 通りあるから
$5!\times2$（通り）
よって，求める確率は $\dfrac{5!\times2}{7!}=\dfrac{5\cdot4\cdot3\cdot2\cdot1\times2}{7\cdot6\cdot5\cdot4\cdot3\cdot2\cdot1}=\mathbf{\dfrac{1}{21}}$

← $_5P_5$ 通り
○ ○ [e d f] ○ ○
↕ または
[f d e]

76 (1) あわせて 12 個の球の中から 3 個の球を同時に取り出す取り出し方は $_{12}C_3$ 通り
「3 個とも異なる色の球を取り出す」取り出し方は，「赤球，白球，青球を 1 個ずつ取り出す」取り出し方であるから
$_3C_1\times{}_4C_1\times{}_5C_1$（通り）
よって，求める確率は $\dfrac{_3C_1\times{}_4C_1\times{}_5C_1}{_{12}C_3}=\dfrac{60}{220}=\mathbf{\dfrac{3}{11}}$

←赤球 3 個から 1 個取る $_3C_1$
白球 4 個から 1 個取る $_4C_1$
青球 5 個から 1 個取る $_5C_1$

(2) 「赤球をちょうど 2 個取り出す」取り出し方は，「赤球 2 個と，白球または青球の中から 1 個を取り出す」取り出し方であるから
$_3C_2\times{}_9C_1$（通り）
よって，求める確率は $\dfrac{_3C_2\times{}_9C_1}{_{12}C_3}=\mathbf{\dfrac{27}{220}}$

←赤球 3 個から 2 個取る $_3C_2$
白と青のあわせて 9 個から 1 個取る $_9C_1$

JUMP 12
12 枚のカードから 2 枚を同時に引く引き方は $_{12}C_2$ 通り
「2 枚のカードが番号もスートも異なる」場合について，番号が異なる 2 枚のカードの引き方は $_3C_2$ 通りあり，そのそれぞれに対しスートが異なるのは $_4P_2$ 通りずつあるから
$_3C_2\times{}_4P_2$（通り）
よって，求める確率は $\dfrac{_3C_2\times{}_4P_2}{_{12}C_2}=\dfrac{36}{66}=\mathbf{\dfrac{6}{11}}$

考え方 番号 (11, 12, 13) から 2 枚を選び，その 2 枚のスートを考える。

←例えば，2 枚の番号が (11, 12) のとき
11 のスートは♣◆♥♠の 4 通りあり，12 のスートは 11 のスート以外の 3 通りあるから
$_4P_2=4\times3$（通り）

13 確率の基本性質 (1) (p.30)

77 「2 個とも赤球を取り出す」事象を A，「2 個とも白球を取り出す」事象を B とすると
$P(A)=\dfrac{_3C_2}{_9C_2}=\dfrac{3}{36}$，$P(B)=\dfrac{_6C_2}{_9C_2}=\dfrac{15}{36}$

←事象 A, B は同時に起こらない…排反である。

「2 個とも同じ色の球を取り出す」事象は，A と B の和事象 $A\cup B$ であり，A と B は互いに排反である。
よって，求める確率は

$$P(A\cup B)=P(A)+P(B)=\frac{3}{36}+\frac{15}{36}=\frac{18}{36}=\mathbf{\frac{1}{2}}$$

確率の加法定理
事象 A，B が互いに排反のとき
$P(A\cup B)=P(A)+P(B)$

78 「3 人とも A 組の生徒が選ばれる」事象を A，「3 人とも B 組の生徒が選ばれる」事象を B とすると

⬅事象 A，B は同時に起こらない。

$$P(A)=\frac{{}_5C_3}{{}_9C_3}=\frac{10}{84},\ P(B)=\frac{{}_4C_3}{{}_9C_3}=\frac{4}{84}$$

「3 人とも同じ組の生徒が選ばれる」事象は，A と B の和事象 $A\cup B$ であり，A と B は互いに排反である。
よって，求める確率は

⬅事象 A，B が互いに排反であるとき $P(A\cup B)=P(A)+P(B)$

$$P(A\cup B)=P(A)+P(B)=\frac{10}{84}+\frac{4}{84}=\frac{14}{84}=\mathbf{\frac{1}{6}}$$

79 「番号が 2 枚とも偶数である」事象を A，「番号が 2 枚とも奇数である」事象を B とすると

⬅事象 A，B は同時に起こらない。

$$P(A)=\frac{{}_5C_2}{{}_{11}C_2}=\frac{10}{55},\ P(B)=\frac{{}_6C_2}{{}_{11}C_2}=\frac{15}{55}$$

「番号の和が偶数になる」事象は，A と B の和事象 $A\cup B$ であり，A と B は互いに排反である。
よって，求める確率は

⬅事象 A，B が互いに排反であるとき $P(A\cup B)=P(A)+P(B)$

$$P(A\cup B)=P(A)+P(B)=\frac{10}{55}+\frac{15}{55}=\frac{25}{55}=\mathbf{\frac{5}{11}}$$

80 (1) $A\cap B$ は「ハートの絵札である」事象であるから

$$P(A\cap B)=\mathbf{\frac{3}{52}}$$

(2) $P(A)=\frac{13}{52}$，$P(B)=\frac{12}{52}$ であるから

⬅事象 A，B は同時に起こることがあるから，互いに排反でない。

$$\begin{aligned}P(A\cup B)&=P(A)+P(B)-P(A\cap B)\\&=\frac{13}{52}+\frac{12}{52}-\frac{3}{52}\\&=\frac{22}{52}=\mathbf{\frac{11}{26}}\end{aligned}$$

一般の和事象の確率
$P(A\cup B)=$
$P(A)+P(B)-P(A\cap B)$

81 2 個の球の色が次のような事象 A，B，C
A：「赤球，白球」 B：「赤球，青球」 C：「白球，青球」
を考える。

⬅事象 A，B，C はどれも同時に起こらない。

$$P(A)=\frac{{}_2C_1\times{}_3C_1}{{}_9C_2}=\frac{6}{36},\ P(B)=\frac{{}_2C_1\times{}_4C_1}{{}_9C_2}=\frac{8}{36}$$

$$P(C)=\frac{{}_3C_1\times{}_4C_1}{{}_9C_2}=\frac{12}{36}$$

「異なる色の球を取り出す」事象は，A と B と C の和事象 $A\cup B\cup C$ であり，A，B，C は互いに排反である。
よって，求める確率は

⬅事象 A，B，C が互いに排反であるとき $P(A\cup B\cup C)=P(A)+P(B)+P(C)$

$$\begin{aligned}P(A\cup B\cup C)&=P(A)+P(B)+P(C)\\&=\frac{6}{36}+\frac{8}{36}+\frac{12}{36}=\frac{26}{36}=\mathbf{\frac{13}{18}}\end{aligned}$$

82 引いたカードの番号が「4 の倍数である」事象を A,「10 の倍数である」事象を B とすると

$A=\{4\times1,\ 4\times2,\ \cdots\cdots,\ 4\times37\}$

$B=\{10\times1,\ 10\times2,\ \cdots\cdots,\ 10\times15\}$

積事象 $A\cap B$ は，4 と 10 の最小公倍数 20 の倍数である事象だから

$A\cap B=\{20\times1,\ 20\times2,\ \cdots\cdots,\ 20\times7\}$

よって，$n(A)=37$，$n(B)=15$，$n(A\cap B)=7$ より

$$P(A)=\frac{37}{150},\ P(B)=\frac{15}{150},\ P(A\cap B)=\frac{7}{150}$$

引いたカードの番号が「4 の倍数または 10 の倍数である」事象は $A\cup B$ であるから，求める確率は

$$P(A\cup B)=P(A)+P(B)-P(A\cap B)$$
$$=\frac{37}{150}+\frac{15}{150}-\frac{7}{150}$$
$$=\frac{45}{150}=\mathbf{\frac{3}{10}}$$

←事象 A，B は同時に起こることがあるから，互いに排反でない。
$P(A\cup B)=P(A)+P(B)-P(A\cap B)$

JUMP 13

考え方 (2)「$P(A\cup B)=P(A)+P(B)-P(A\cap B)$」を用いる。

(1) 積事象 $A\cap B$ は「2 枚が同じ番号で，かつ番号の和が 4 以下である」事象であり，2 枚が (1, 1), (2, 2) の場合であるから，求める確率は

$$P(A\cap B)=\frac{2\times{}_3C_2}{{}_{15}C_2}=\frac{6}{105}=\mathbf{\frac{2}{35}}$$

←番号は 1 か 2 で 2 通り。選んだ番号のカード 3 枚から 2 枚を選ぶから ${}_3C_2$ 通り

(2) 事象 A が起こるのは，2 枚が (1, 1), (2, 2), (3, 3), (4, 4), (5, 5) の場合であるから

$$P(A)=\frac{5\times{}_3C_2}{{}_{15}C_2}=\frac{15}{105}$$

事象 B が起こるのは，2 枚が (1, 1), (2, 2), (1, 2), (1, 3) の場合である。

(1, 1), (2, 2) となる場合の数は　$2\times{}_3C_2$（通り）

←(1)で考えた場合の数

(1, 2), (1, 3) となる場合の数は　$2\times{}_3C_1\times{}_3C_1$（通り）

←2 枚が異なる番号のとき，各々の番号のカード 3 枚から 1 枚ずつ選ぶから ${}_3C_1\times{}_3C_1$ 通り

よって　$P(B)=\dfrac{2\times{}_3C_2+2\times{}_3C_1\times{}_3C_1}{{}_{15}C_2}=\dfrac{24}{105}$

したがって，求める確率は

$$P(A\cup B)=P(A)+P(B)-P(A\cap B)$$
$$=\frac{15}{105}+\frac{24}{105}-\frac{6}{105}$$
$$=\frac{33}{105}=\mathbf{\frac{11}{35}}$$

←事象 A，B は同時に起こることがあるから，互いに排反でない。
$P(A\cup B)=P(A)+P(B)-P(A\cap B)$

14 確率の基本性質 (2) (p.32)

83 番号が「7 の倍数である」事象を A とすると，「7 の倍数でない」事象は，事象 A の余事象 $\overline{A}$ である。

$A=\{7\times1,\ 7\times2,\ \cdots\cdots,\ 7\times5\}$ より

$$P(A)=\frac{5}{40}=\frac{1}{8}$$

よって，求める確率は

$$P(\overline{A})=1-P(A)=1-\frac{1}{8}=\mathbf{\frac{7}{8}}$$

余事象の確率
A の余事象 $\overline{A}$ の確率
$P(\overline{A})=1-P(A)$

84 (1) 「3 本ともはずれる」事象を A とする。

9 本のくじから 3 本を引く引き方は ${}_9C_3$ 通り，はずれ 3 本を引く引き方は ${}_5C_3$ 通りである。

よって，求める確率は

$$P(A)=\frac{{}_5C_3}{{}_9C_3}=\frac{10}{84}=\mathbf{\frac{5}{42}}$$

(2) 「少なくとも 1 本は当たる」事象は，事象 A の余事象 $\overline{A}$ である。

よって，求める確率は

$$P(\overline{A})=1-P(A)=1-\frac{5}{42}=\mathbf{\frac{37}{42}}$$

← ○当たり，×はずれ

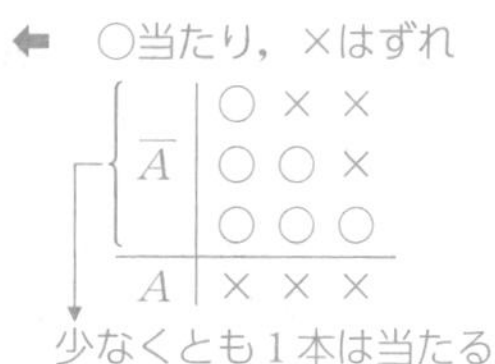

85 番号が「45 の約数である」事象を A とすると，「45 の約数でない」事象は，事象 A の余事象 $\overline{A}$ である。

$A=\{1,\ 3,\ 5,\ 9,\ 15,\ 45\}$ より　$P(A)=\frac{6}{50}=\frac{3}{25}$

よって，求める確率は

$$P(\overline{A})=1-P(A)=1-\frac{3}{25}=\mathbf{\frac{22}{25}}$$

← $45=3^2\times5$ より 45 の（正の）約数は全部で $(2+1)\times(1+1)=6$（個）

86 「少なくとも 1 個は赤球が取り出される」事象を A とすると，「4 個とも白球が取り出される」事象は，事象 A の余事象 $\overline{A}$ である。

11 個の球の中から 4 個を取り出す取り出し方は ${}_{11}C_4$ 通り

白球 4 個を取り出す取り出し方は ${}_6C_4$ 通り

よって，事象 $\overline{A}$ が起こる確率 $P(\overline{A})$ は

$$P(\overline{A})=\frac{{}_6C_4}{{}_{11}C_4}=\frac{15}{330}=\frac{1}{22}$$

したがって，求める確率は

$$P(A)=1-P(\overline{A})=1-\frac{1}{22}=\mathbf{\frac{21}{22}}$$

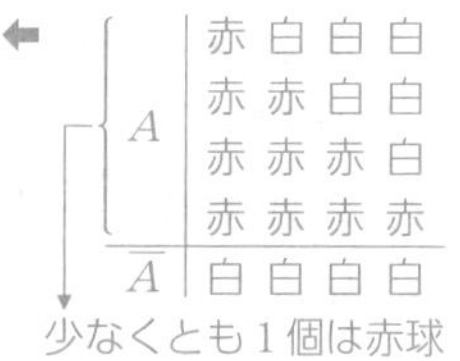

87 「目の積が偶数になる」事象を A とすると，「目の積が奇数になる」，すなわち「3 個とも奇数の目が出る」事象は，事象 A の余事象 $\overline{A}$ である。

3 個のさいころの目の出方は，全部で 6^3 通りあり，3 個とも奇数の目が出る出方は 3^3 通りある。

よって，事象 $\overline{A}$ が起こる確率 $P(\overline{A})$ は

$$P(\overline{A})=\frac{3^3}{6^3}=\frac{3\cdot3\cdot3}{6\cdot6\cdot6}=\frac{1}{8}$$

したがって，求める確率は

$$P(A)=1-P(\overline{A})=1-\frac{1}{8}=\mathbf{\frac{7}{8}}$$

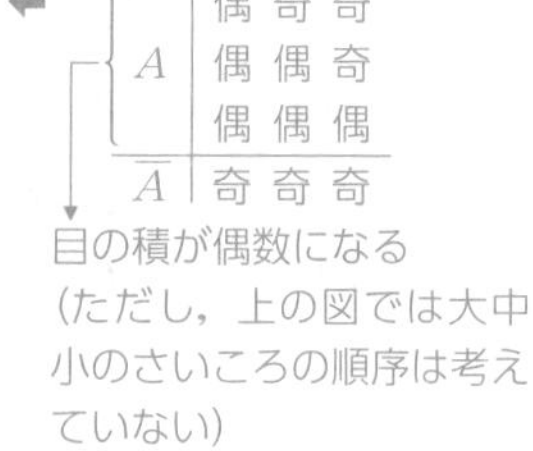

88 「女子が 2 人以上選ばれる」事象を A とすると，「女子が 1 人だけ選ばれるか，または 1 人も選ばれない」事象は，事象 A の余事象 $\overline{A}$ である。

10 人の中から 4 人を選ぶ選び方は ${}_{10}C_4$ 通り

女子が 1 人だけ選ばれる選び方は ${}_4C_3\times{}_6C_1$（通り）

女子が 1 人も選ばれない選び方は ${}_4C_4$ 通り

よって，事象 $\overline{A}$ の起こる確率 $P(\overline{A})$ は

$$P(\overline{A})=\frac{{}_4C_3\times{}_6C_1}{{}_{10}C_4}+\frac{{}_4C_4}{{}_{10}C_4}=\frac{24}{210}+\frac{1}{210}=\frac{25}{210}=\frac{5}{42}$$

← A：女 女 男 男／女 女 女 男／女 女 女 女
$\overline{A}$：女 男 男 男／男 男 男 男
女子が 2 人以上

したがって，求める確率は

$$P(A)=1-P(\overline{A})=1-\frac{5}{42}=\mathbf{\frac{37}{42}}$$

89 (1) 4人の手の出し方の総数は 3^4 通り

「aとbの2人だけが勝つ」事象を A とする。事象 A が起こる場合は，aとbがグー，チョキ，パーのそれぞれで勝つ3通りがある。

よって，求める確率は　$P(A)=\frac{3}{3^4}=\mathbf{\frac{1}{27}}$

⬅a，b，c，dの4人はそれぞれグー，チョキ，パーの3通りの出し方がある。

(2) 「2人が勝つ」事象を B とする。

4人のうち勝つ2人の選び方が ${}_4C_2$ 通りで，このそれぞれの場合について，勝ち方は3通りずつある。

よって，求める確率は

$$P(B)=\frac{{}_4C_2\times3}{3^4}=\frac{6\times3}{3^4}=\mathbf{\frac{2}{9}}$$

⬅選んだ2人は，グー，チョキ，パーのどれかで勝つ。

JUMP 14

4人の手の出し方は全部で 3^4 通り

「あいこになる」事象を A とする。

全員が同じ手を出してあいこになる場合は3通り。

グー，チョキ，パーのすべてが出てあいこになる場合は，同じ手を出す2人の選び方が ${}_4C_2$ 通りあり，このそれぞれの場合について，手の出し方は $3\times2\times1=6$（通り）ずつあるから

${}_4C_2\times3\times2\times1=36$（通り）

よって，求める確率は

$$P(A)=\frac{3+36}{3^4}=\frac{39}{81}=\mathbf{\frac{13}{27}}$$

考え方　「全員が同じ手」と「すべての手」が出る場合を考える。

⬅同じ手を出す2人をひとまとめにして，3組と考える。3組がグー，チョキ，パーを1組ずつ出す出し方が $3\times2\times1$（通り）ある。

まとめの問題　場合の数と確率③ (p.34)

1 (1) 大小2個のさいころの目の出方は全部で $6\times6=36$（通り）

目の和が5の倍数になるのは

(1, 4), (2, 3), (3, 2), (4, 1), (4, 6), (5, 5), (6, 4)

の7通りである。

よって，求める確率は　$\mathbf{\frac{7}{36}}$

⬅

大＼小	1	2	3	4	5	6
1	2	3	4	5	6	7
2	3	4	5	6	7	8
3	4	5	6	7	8	9
4	5	6	7	8	9	10
5	6	7	8	9	10	11
6	7	8	9	10	11	12

(2) 目の積が奇数になるのは，右の表のように9通りである。よって，求める確率は　$\frac{9}{36}=\mathbf{\frac{1}{4}}$

別解　目の積が奇数になるのは，「2個とも奇数の目が出る」事象であるから，3^2 通りある。

よって，求める確率は　$\frac{3^2}{6^2}=\mathbf{\frac{1}{4}}$

⬅

大＼小	1	2	3	4	5	6
1	1	2	3	4	5	6
2	2	4	6	8	10	12
3	3	6	9	12	15	18
4	4	8	12	16	20	24
5	5	10	15	20	25	30
6	6	12	18	24	30	36

2 (1) あわせて14個の球の中から4個の球を同時に取り出す取り出し方は　${}_{14}C_4$ 通り

「赤球2個，白球2個を取り出す」取り出し方は

${}_5C_2\times{}_6C_2$（通り）

⬅赤球5個から2個取る ${}_5C_2$
白球6個から2個取る ${}_6C_2$
積の法則より ${}_5C_2\times{}_6C_2$

よって，求める確率は　$\dfrac{{}_5\mathrm{C}_2\times{}_6\mathrm{C}_2}{{}_{14}\mathrm{C}_4}=\dfrac{10\times15}{1001}=\mathbf{\dfrac{150}{1001}}$

(2) 「青球がちょうど1個含まれるように取り出す」取り出し方は，「青球1個と，赤球または白球から3個取り出す」取り出し方であるから

${}_3\mathrm{C}_1\times{}_{11}\mathrm{C}_3$（通り）

よって，求める確率は　$\dfrac{{}_3\mathrm{C}_1\times{}_{11}\mathrm{C}_3}{{}_{14}\mathrm{C}_4}=\dfrac{3\times165}{1001}=\mathbf{\dfrac{45}{91}}$

⬅青球3個から1個取る ${}_3\mathrm{C}_1$
赤，白のあわせて11個から3個取る ${}_{11}\mathrm{C}_3$
積の法則より ${}_3\mathrm{C}_1\times{}_{11}\mathrm{C}_3$

3　大中小3個のさいころの目の出方は全部で $6\times6\times6=216$（通り）
このうち，目の積が6になるのは
(1，1，6)，(1，2，3)，(1，3，2)，(1，6，1)，(2，1，3)，
(2，3，1)，(3，1，2)，(3，2，1)，(6，1，1)
の9通りである。

よって，求める確率は　$\dfrac{9}{6^3}=\dfrac{9}{216}=\mathbf{\dfrac{1}{24}}$

別解　目の積が6になるのは，次の2つの場合である。
(i) 3つの出る目が1，2，3のとき
(ii) 3つの出る目が1，1，6のとき
(i)は，異なる3つの数の順列の総数だから $3!=6$（通り）
(ii)は，同じものを含む3つの数の順列の総数だから $\dfrac{3!}{2!}=3$（通り）
(i)，(ii)は同時に起こらないので，求める確率は

$\dfrac{6+3}{6^3}=\dfrac{9}{216}=\mathbf{\dfrac{1}{24}}$

⬅(i)は大，中，小の目に1，2，3の3つの数を並べる順列
(ii)は，同じものを含む順列

4　(1) 7つの数字をすべて使って横1列に並べる方法は　7!通り
このうち，「各位の数に奇数と偶数が交互に並ぶ」並べ方は，奇数4個の間3か所に偶数3個が並ぶ場合だから　$4!\times3!$（通り）

よって，求める確率は　$\dfrac{4!\times3!}{7!}=\dfrac{4\cdot3\cdot2\cdot1\times3\cdot2\cdot1}{7\cdot6\cdot5\cdot4\cdot3\cdot2\cdot1}=\mathbf{\dfrac{1}{35}}$

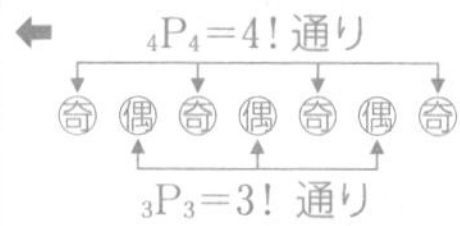

(2) 「百万の位と一の位の数字が偶数となる」並べ方は，百万の位，一の位に偶数3個から2個を並べ，間の位に残りの5個の数字を並べる場合だから　${}_3\mathrm{P}_2\times5!$（通り）

よって，求める確率は　$\dfrac{{}_3\mathrm{P}_2\times5!}{7!}=\dfrac{3\cdot2\times5\cdot4\cdot3\cdot2\cdot1}{7\cdot6\cdot5\cdot4\cdot3\cdot2\cdot1}=\mathbf{\dfrac{1}{7}}$

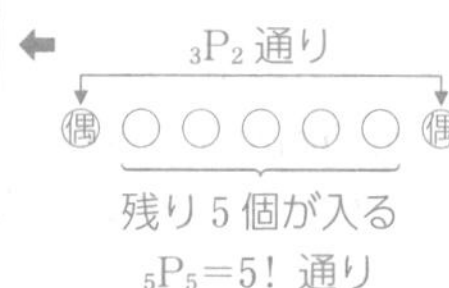

(3) 「7300000より大きい数となる」並べ方は，百万の位が7で，十万の位が3，4，5，6のいずれかの場合だから　$1\times4\times5!$（通り）

よって，求める確率は　$\dfrac{1\times4\times5!}{7!}=\dfrac{1\times4\times5\cdot4\cdot3\cdot2\cdot1}{7\cdot6\cdot5\cdot4\cdot3\cdot2\cdot1}=\mathbf{\dfrac{2}{21}}$

⬅百万 十万 一万 千 百 十 一
7 □ □ □ □ □ □
3, 4, 5, 6 の4通り　${}_5\mathrm{P}_5=5!$ 通り

5　球の取り出し方は全部で ${}_{12}\mathrm{C}_3$ 通りある。
(1) 「白球3個を取り出す」事象を A，「青球3個を取り出す」事象を B とすると

$P(A)=\dfrac{{}_5\mathrm{C}_3}{{}_{12}\mathrm{C}_3}=\dfrac{10}{220}$，$P(B)=\dfrac{{}_4\mathrm{C}_3}{{}_{12}\mathrm{C}_3}=\dfrac{4}{220}$

「白球3個または青球3個を取り出す」事象は，A と B の和事象 $A\cup B$ であり，A と B は互いに排反である。
よって，求める確率は

$P(A\cup B)=P(A)+P(B)=\dfrac{10}{220}+\dfrac{4}{220}=\dfrac{14}{220}=\mathbf{\dfrac{7}{110}}$

⬅事象 A，B は同時に起こらない

⬅事象 A，B が互いに排反のとき
$P(A\cup B)=P(A)+P(B)$

(2) 「赤球 2 個を取り出す」事象を C,「赤球 3 個を取り出す」事象を D とすると

$$P(C)=\frac{{}_3C_2\times{}_9C_1}{{}_{12}C_3}=\frac{27}{220},\quad P(D)=\frac{{}_3C_3}{{}_{12}C_3}=\frac{1}{220}$$

「赤球を 2 個以上取り出す」事象は, C と D の和事象 $C\cup D$ であり, C と D は互いに排反である。

よって, 求める確率は

$$P(C\cup D)=P(C)+P(D)=\frac{27}{220}+\frac{1}{220}=\frac{28}{220}=\mathbf{\frac{7}{55}}$$

(3) 「少なくとも 1 個は青球を取り出す」事象を E とすると,「3 個とも赤球または白球が取り出される」事象は, 事象 E の余事象 $\overline{E}$ である。

3 個とも赤球または白球を取り出す取り出し方は ${}_8C_3$ 通りである。

よって, 事象 $\overline{E}$ が起こる確率 $P(\overline{E})$ は

$$P(\overline{E})=\frac{{}_8C_3}{{}_{12}C_3}=\frac{56}{220}=\frac{14}{55}$$

したがって, 求める確率は

$$P(E)=1-P(\overline{E})=1-\frac{14}{55}=\mathbf{\frac{41}{55}}$$

←事象 C, D は同時に起こらない。

←事象 C, D が互いに排反のとき
$P(C\cup D)=P(C)+P(D)$

←×…赤球または白球

E	青	×	×
E	青	青	×
E	青	青	青
$\overline{E}$	×	×	×

少なくとも 1 個は青球

←E の余事象 $\overline{E}$ の確率
$P(\overline{E})=1-P(E)$

6 引いたカードの番号が「6 の倍数である」事象を A,「9 の倍数である」事象を B とすると

$A=\{6\times1,\ 6\times2,\ \cdots\cdots,\ 6\times33\}$

$B=\{9\times1,\ 9\times2,\ \cdots\cdots,\ 9\times22\}$

積事象 $A\cap B$ は, 6 と 9 の最小公倍数 18 の倍数である事象だから

$A\cap B=\{18\times1,\ 18\times2,\ \cdots\cdots,\ 18\times11\}$

よって, $n(A)=33$, $n(B)=22$, $n(A\cap B)=11$ より

$$P(A)=\frac{33}{200},\quad P(B)=\frac{22}{200},\quad P(A\cap B)=\frac{11}{200}$$

番号が「6 の倍数または 9 の倍数である」事象は $A\cup B$ であるから, 求める確率は

$$P(A\cup B)=P(A)+P(B)-P(A\cap B)$$
$$=\frac{33}{200}+\frac{22}{200}-\frac{11}{200}=\frac{44}{200}=\mathbf{\frac{11}{50}}$$

←事象 A, B は同時に起こることがあるから, 互いに排反でない。
$P(A\cup B)=$
$P(A)+P(B)-P(A\cap B)$

7 (1) 5 人の手の出し方の総数は 3^5 通り

「a, b, c の 3 人だけが勝つ」事象を A とする。事象 A が起こるのは, a, b, c がグー, チョキ, パーのそれぞれで勝つ 3 通りがある。

よって, 求める確率は $P(A)=\dfrac{3}{3^5}=\mathbf{\dfrac{1}{81}}$

(2) 「3 人が勝つ」事象を B とする。5 人のうち勝つ 3 人の選び方が ${}_5C_3$ 通りで, このそれぞれの場合について, 勝つ手は 3 通りずつある。よって, 求める確率は $P(B)=\dfrac{{}_5C_3\times3}{3^5}=\dfrac{10\times3}{3^5}=\mathbf{\dfrac{10}{81}}$

←5 人はそれぞれグー, チョキ, パーの 3 通りの出し方がある。

←選んだ 3 人は, グー, チョキ, パーのどれかで勝つ。

15 独立な試行の確率 (p.36)

90 大きいさいころを投げる試行と, 小さいさいころを投げる試行は, 互いに独立である。よって, 求める確率は

$$\frac{3}{6}\times\frac{4}{6}=\mathbf{\frac{1}{3}}$$

91 (1) 袋Ａから球を取り出す試行と，袋Ｂから球を取り出す試行は，互いに独立である。よって，求める確率は

$\frac{4}{9}\times\frac{3}{10}=\mathbf{\frac{2}{15}}$

(2) 同じ色の球を取り出す取り出し方には，Ａ，Ｂとも赤球を取り出す場合と，Ａ，Ｂとも白球を取り出す場合がある。

Ａ，Ｂとも赤球を取り出す確率は　$\frac{4}{9}\times\frac{7}{10}=\frac{28}{90}$

Ａ，Ｂとも白球を取り出す確率は　$\frac{5}{9}\times\frac{3}{10}=\frac{15}{90}$

これら２つの事象は互いに排反であるから，求める確率は

$\frac{28}{90}+\frac{15}{90}=\mathbf{\frac{43}{90}}$

⬅互いに排反のときは，確率の加法定理

92 各回の試行は，互いに独立である。

1，2回目に１以外の目が出る確率はそれぞれ　$\frac{5}{6}$

3回目に素数の目が出る確率は　$\frac{3}{6}$

⬅1から6の中で素数は2，3，5

よって，求める確率は

$\frac{5}{6}\times\frac{5}{6}\times\frac{3}{6}=\mathbf{\frac{25}{72}}$

93 箱Ａからくじを引く試行と，箱Ｂからくじを引く試行は，互いに独立である。

Ａから引いたくじが当たる確率は $\frac{3}{10}$，はずれる確率は $\frac{7}{10}$

Ｂから引いたくじが当たる確率は $\frac{4}{12}$，はずれる確率は $\frac{8}{12}$

よって，Ａから当たり，Ｂからはずれを引く確率は

$\frac{3}{10}\times\frac{8}{12}=\frac{24}{120}$

Ａからはずれ，Ｂから当たりを引く確率は

$\frac{7}{10}\times\frac{4}{12}=\frac{28}{120}$

これらの事象は互いに排反であるから，求める確率は

⬅互いに排反のときは，確率の加法定理

$\frac{24}{120}+\frac{28}{120}=\frac{52}{120}=\mathbf{\frac{13}{30}}$

94 箱Ａからカードを取り出す試行と，箱Ｂからカードを取り出す試行は，互いに独立である。

番号の和が奇数となる取り出し方は，Ａから偶数，Ｂから奇数のカードを取り出す場合と，Ａから奇数，Ｂから偶数のカードを取り出す場合がある。

Ａから偶数，Ｂから奇数のカードを取る確率は　$\frac{4}{9}\times\frac{4}{7}=\frac{16}{63}$

⬅Ａは偶数4枚，奇数5枚
Ｂは偶数3枚，奇数4枚

Ａから奇数，Ｂから偶数のカードを取る確率は　$\frac{5}{9}\times\frac{3}{7}=\frac{15}{63}$

これらの事象は互いに排反であるから，求める確率は

⬅互いに排反のときは，確率の加法定理

$\frac{16}{63}+\frac{15}{63}=\mathbf{\frac{31}{63}}$

95 袋Aから球を取り出す試行と，袋Bから球を取り出す試行は，互いに独立である。

Aから赤球を取り出す確率は $\frac{1}{5}$，白球を取り出す確率は $\frac{4}{5}$

Bから2個とも赤球を取り出す確率は $\frac{{}_5C_2}{{}_7C_2}=\frac{10}{21}$，

2個とも白球を取り出す確率は $\frac{{}_2C_2}{{}_7C_2}=\frac{1}{21}$

よって，すべて赤球を取り出す確率は $\frac{1}{5}\times\frac{10}{21}=\frac{10}{105}$

すべて白球を取り出す確率は $\frac{4}{5}\times\frac{1}{21}=\frac{4}{105}$

これらの事象は互いに排反であるから，求める確率は

$\frac{10}{105}+\frac{4}{105}=\frac{14}{105}=\mathbf{\frac{2}{15}}$

⬅互いに排反のときは，確率の加法定理

96 (1) 3人それぞれがキックをするのは，互いに独立である。

よって，求める確率は

$\frac{3}{4}\times\frac{3}{5}\times\frac{5}{6}=\mathbf{\frac{3}{8}}$

(2) a，b，c がキックを失敗する確率はそれぞれ

$1-\frac{3}{4}=\frac{1}{4}$，$1-\frac{3}{5}=\frac{2}{5}$，$1-\frac{5}{6}=\frac{1}{6}$

よって，a，b が成功し，c が失敗する確率は $\frac{3}{4}\times\frac{3}{5}\times\frac{1}{6}=\frac{9}{120}$

a，c が成功し，b が失敗する確率は $\frac{3}{4}\times\frac{2}{5}\times\frac{5}{6}=\frac{30}{120}$

b，c が成功し，a が失敗する確率は $\frac{1}{4}\times\frac{3}{5}\times\frac{5}{6}=\frac{15}{120}$

これらの事象は互いに排反であるから，求める確率は

$\frac{9}{120}+\frac{30}{120}+\frac{15}{120}=\frac{54}{120}=\mathbf{\frac{9}{20}}$

⬅互いに排反のときは，確率の加法定理

JUMP 15

箱には奇数のカードが3枚，偶数のカードが2枚入っている。「数字の積が偶数」となる事象を A とすると，事象 A の余事象 $\overline{A}$ は，「数字の積が奇数」となる事象，すなわち「3枚とも奇数を取り出す」事象である。

考え方 「積が偶数」となる事象は，「積が奇数」となる事象の余事象。

⬅余事象を考える。

1枚取り出して，奇数である確率は $\frac{3}{5}$

2枚取り出して2枚とも奇数である確率は $\frac{{}_3C_2}{{}_5C_2}=\frac{3}{10}$

もとにもどしてから取り出すので，これらの試行は独立であるから

$P(\overline{A})=\frac{3}{5}\times\frac{3}{10}=\frac{9}{50}$

よって，求める確率は

$P(A)=1-P(\overline{A})=\mathbf{\frac{41}{50}}$

⬅$P(A)=1-P(\overline{A})$

16 反復試行の確率(p.38)

97 カードを1回引くとき，1のカードが出る確率は $\frac{1}{3}$

また，5回のうち1のカードが2回出るとき，残りの3回は1以外のカードである。

よって，求める確率は

$${}_5C_2\left(\frac{1}{3}\right)^2\left(1-\frac{1}{3}\right)^{5-2}=10\times\frac{1}{9}\times\frac{8}{27}=\mathbf{\frac{80}{243}}$$

5回中2回　1以外が残りの3回
${}_5C_2\left(\frac{1}{3}\right)^2\left(1-\frac{1}{3}\right)^{5-2}$
1が2回

98 「偶数の目がちょうど5回出る」事象をA，「6回とも偶数の目が出る」事象をBとすると，「偶数の目が5回以上出る」事象は，和事象 $A\cup B$ である。ここで

$$P(A)={}_6C_5\left(\frac{3}{6}\right)^5\left(1-\frac{3}{6}\right)^{6-5}=6\times\frac{1}{32}\times\frac{1}{2}=\frac{6}{64}$$

$$P(B)={}_6C_6\left(\frac{3}{6}\right)^6=1\times\frac{1}{64}=\frac{1}{64}$$

である。AとBは互いに排反であるから，求める確率は

$$P(A\cup B)=P(A)+P(B)=\frac{6}{64}+\frac{1}{64}=\mathbf{\frac{7}{64}}$$

⬅互いに排反のときは，確率の加法定理

99 球を1回取り出すとき，赤球が出る確率は $\frac{3}{9}$

また，4回のうち赤球が2回出るとき，残りの2回は白球が出る。

よって，求める確率は

$${}_4C_2\left(\frac{3}{9}\right)^2\left(1-\frac{3}{9}\right)^{4-2}=6\times\frac{1}{9}\times\frac{4}{9}=\mathbf{\frac{8}{27}}$$

4回中2回　白球が残りの2回
${}_4C_2\left(\frac{3}{9}\right)^2\left(1-\frac{3}{9}\right)^{4-2}$
赤球が2回

100 (1) 1枚の硬貨を投げたとき，表が出る確率と裏が出る確率はともに $\frac{1}{2}$

よって，求める確率は

$${}_6C_4\left(\frac{1}{2}\right)^4\left(\frac{1}{2}\right)^{6-4}={}_6C_2\left(\frac{1}{2}\right)^6=15\times\frac{1}{64}=\mathbf{\frac{15}{64}}$$

(2) 「表が1回も出ない」事象をA，「表がちょうど1回出る」事象をBとすると，「表が1回以下出る」事象は，和事象 $A\cup B$ である。ここで

$$P(A)={}_6C_0\left(\frac{1}{2}\right)^6=1\times\frac{1}{64}=\frac{1}{64}$$

$$P(B)={}_6C_1\left(\frac{1}{2}\right)^1\left(\frac{1}{2}\right)^{6-1}={}_6C_1\left(\frac{1}{2}\right)^6=6\times\frac{1}{64}=\frac{6}{64}$$

である。AとBは互いに排反であるから，求める確率は

$$P(A\cup B)=P(A)+P(B)=\frac{1}{64}+\frac{6}{64}=\mathbf{\frac{7}{64}}$$

⬅${}_6C_0=1$
$P(A)$は「6回とも裏が出る」事象と考えて，${}_6C_6\left(\frac{1}{2}\right)^6=\frac{1}{64}$ としてもよい。

101 (1) さいころを1回投げるとき，5以上の目が出る確率は $\frac{2}{6}$

また，5回のうち5以上の目が3回出るとき，残りの2回は4以下の目が出る。

よって，求める確率は

$${}_5C_3\left(\frac{2}{6}\right)^3\left(1-\frac{2}{6}\right)^{5-3}=10\times\frac{1}{27}\times\frac{4}{9}=\mathbf{\frac{40}{243}}$$

⬅5回中3回　4以下が残りの2回
${}_5C_3\left(\frac{2}{6}\right)^3\left(1-\frac{2}{6}\right)^{5-3}$
5以上が3回

(2) 4以下の目が「ちょうど3回出る」事象をA,「ちょうど4回出る」事象をB,「5回とも出る」事象をCとすると,「4以下の目が3回以上出る」事象は,和事象 $A\cup B\cup C$ である。

ここで,$P(A)={}_5C_3\left(\frac{4}{6}\right)^3\left(1-\frac{4}{6}\right)^{5-3}=10\times\frac{8}{27}\times\frac{1}{9}=\frac{80}{243}$

$P(B)={}_5C_4\left(\frac{4}{6}\right)^4\left(1-\frac{4}{6}\right)^{5-4}=5\times\frac{16}{81}\times\frac{1}{3}=\frac{80}{243}$

$P(C)={}_5C_5\left(\frac{4}{6}\right)^5=1\times\frac{32}{243}=\frac{32}{243}$

であり,A,B,Cは互いに排反であるから,求める確率は

$$P(A\cup B\cup C)=P(A)+P(B)+P(C)$$
$$=\frac{80}{243}+\frac{80}{243}+\frac{32}{243}=\frac{192}{243}=\boldsymbol{\frac{64}{81}}$$

←互いに排反のとき,$P(A\cup B\cup C)=P(A)+P(B)+P(C)$

102 硬貨を1回投げて「表が出る」事象をAとすると,$P(A)=\frac{1}{2}$,硬貨を7回投げるとき,事象Aがr回起こるとすると,r回は$+5$動き,残りの$(7-r)$回は-3動く。

よって,点Pの座標は $(+5)\times r+(-3)\times(7-r)=8r-21$

ゆえに,点Pの座標が3になるのは $8r-21=3$ より $r=3$

すなわち,硬貨を7回投げたとき事象Aがちょうど3回起こる確率である。したがって,求める確率は

$${}_7C_3\left(\frac{1}{2}\right)^3\left(1-\frac{1}{2}\right)^{7-3}=35\times\frac{1}{8}\times\frac{1}{16}=\boldsymbol{\frac{35}{128}}$$

←表が出る回数rを用いて点Pの座標を表す。

JUMP 16

考え方 優勝するまでの勝ち,負けの数で場合分けして考える。

bが各試合で勝つ確率は $1-\frac{3}{4}=\frac{1}{4}$

bが,3勝0敗,3勝1敗,3勝2敗のとき,bは優勝する。

(i) bが3勝0敗のときの確率は

$$\left(\frac{1}{4}\right)^3=\frac{1}{64}$$

(ii) bが3勝1敗のときの確率は,3試合目までにbが2勝1敗で,4試合目にbが勝つ場合だから

$${}_3C_2\left(\frac{1}{4}\right)^2\left(\frac{3}{4}\right)^1\times\frac{1}{4}=\frac{9}{256}$$

←

3試合目まで bの2勝1敗			4試合目に bが勝つ
b	b	a	b
b	a	b	b
a	b	b	b

→ ${}_3C_2$通り

(iii) bが3勝2敗のときの確率は,4試合目までにbが2勝2敗で,5試合目にbが勝つ場合だから

$${}_4C_2\left(\frac{1}{4}\right)^2\left(\frac{3}{4}\right)^2\times\frac{1}{4}=\frac{27}{512}$$

(i),(ii),(iii)は互いに排反であるから,求める確率は

$$\frac{1}{64}+\frac{9}{256}+\frac{27}{512}=\boldsymbol{\frac{53}{512}}$$

←互いに排反のときは,確率の加法定理

17 条件つき確率と乗法定理(p.40)

103 (1) $A\cap B$は,「数学も英語も合格した者である」事象であるから

$$P(A\cap B)=\frac{24}{100}=\boldsymbol{\frac{6}{25}}$$

←$P(A\cap B)$は条件つきでない確率

(2) $n(B)=65$,$n(B\cap A)=n(A\cap B)=24$ であるから

$$P_B(A)=\frac{n(B\cap A)}{n(B)}=\boldsymbol{\frac{24}{65}}$$

←選んだ人が英語の合格者だったとき,その人が数学の合格者でもある確率

104 (1) $A\cap B$ は，「白球で偶数が書いてある」事象である。全 11 個の球の中に白球で偶数が書いてある球は 3 個であるから

$$P(A\cap B)=\mathbf{\frac{3}{11}}$$

⬅ $P(A\cap B)$ は条件つきでない確率

(2) $n(A)=6$，$n(A\cap B)=3$ であるから

$$P_A(B)=\frac{n(A\cap B)}{n(A)}=\frac{3}{6}=\mathbf{\frac{1}{2}}$$

⬅選んだ球が白球であったとき，書かれた数字が偶数である確率

(3) $\overline{A}$ は「赤球である」事象，$\overline{A}\cap B$ は「赤球で偶数が書いてある」事象であるから $n(\overline{A})=5$，$n(\overline{A}\cap B)=2$

よって，求める確率は $P_{\overline{A}}(B)=\dfrac{n(\overline{A}\cap B)}{n(\overline{A})}=\mathbf{\dfrac{2}{5}}$

⬅選んだ球が赤球であったとき，書かれた数字が偶数である確率

105 (1) 「a が当たる」事象を A，「b が当たる」事象を B とすると，「a，b の 2 人がともに当たる」事象は，$A\cap B$ である。
事象 A が起こったとき，残りの 9 本のくじの中に 3 本の当たりが入っているから

$$P(A)=\frac{4}{10},\ P_A(B)=\frac{3}{9}$$

よって，求める確率は，乗法定理より

$$P(A\cap B)=P(A)P_A(B)=\frac{4}{10}\times\frac{3}{9}=\mathbf{\frac{2}{15}}$$

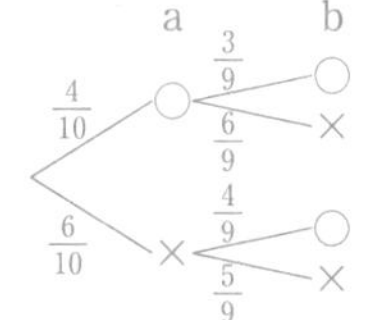

(2) 事象 B は次の 2 つの事象の和事象であり，これらは互いに排反である。

(i) 「a が当たり，b も当たる」事象 $A\cap B$

(ii) 「a がはずれて，b は当たる」事象 $\overline{A}\cap B$

ここで $P(A\cap B)=\dfrac{2}{15}$

⬅(1)で求めた確率

$$P(\overline{A}\cap B)=P(\overline{A})P_{\overline{A}}(B)=\frac{6}{10}\times\frac{4}{9}=\frac{4}{15}$$

よって，求める確率は

$$P(B)=P(A\cap B)+P(\overline{A}\cap B)=\frac{2}{15}+\frac{4}{15}=\frac{6}{15}=\mathbf{\frac{2}{5}}$$

106 (1) 「a が赤球を取り出す」事象を A，「b が赤球を取り出す」事象を B とすると，事象 B は次の 2 つの事象の和事象であり，これらは互いに排反である。

(i) 「a が赤球，b も赤球を取り出す」事象 $A\cap B$

(ii) 「a が白球，b が赤球を取り出す」事象 $\overline{A}\cap B$

ここで $P(A\cap B)=P(A)P_A(B)=\dfrac{5}{12}\times\dfrac{4}{11}=\dfrac{20}{132}$

$$P(\overline{A}\cap B)=P(\overline{A})P_{\overline{A}}(B)=\frac{7}{12}\times\frac{5}{11}=\frac{35}{132}$$

⬅

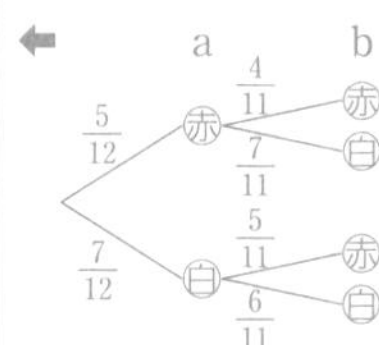

よって，求める確率は

$$P(B)=P(A\cap B)+P(\overline{A}\cap B)=\frac{20}{132}+\frac{35}{132}=\frac{55}{132}=\mathbf{\frac{5}{12}}$$

(2) 「a，b の一方だけが赤球を取り出す」事象は，次の 2 つの事象の和事象であり，これらは互いに排反である。

(i) 「a が赤球，b が白球を取り出す」事象 $A\cap\overline{B}$

(ii) 「a が白球，b が赤球を取り出す」事象 $\overline{A}\cap B$

ここで $P(A\cap\overline{B})=P(A)P_A(\overline{B})=\dfrac{5}{12}\times\dfrac{7}{11}=\dfrac{35}{132}$

$$P(\overline{A}\cap B)=\frac{35}{132}$$

⬅(1)の過程で求めた確率

よって，求める確率は

$$P(A\cap\overline{B})+P(\overline{A}\cap B)=\frac{35}{132}+\frac{35}{132}=\frac{70}{132}=\mathbf{\frac{35}{66}}$$

107 「Aから赤球を取り出す」事象を A，「Bから赤球を取り出す」事象を B とする。
「箱Aの中の赤球，白球の個数が最初と変わらない」事象は，次の2つの事象の和事象であり，これらは互いに排反である。
(i) 「Aから赤球を取り，Bからも赤球を取る」事象 $A\cap B$
(ii) 「Aから白球を取り，Bからも白球を取る」事象 $\overline{A}\cap\overline{B}$

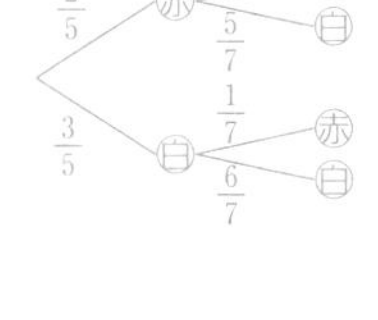

ここで $P(A\cap B)=P(A)P_A(B)=\frac{2}{5}\times\frac{2}{7}=\frac{4}{35}$

$P(\overline{A}\cap\overline{B})=P(\overline{A})P_{\overline{A}}(\overline{B})=\frac{3}{5}\times\frac{6}{7}=\frac{18}{35}$

←Aから球を1個取り，Bに入れると，Bの球の個数が7個に増えることに注意

よって，求める確率は

$$P(A\cap B)+P(\overline{A}\cap\overline{B})=\frac{4}{35}+\frac{18}{35}=\mathbf{\frac{22}{35}}$$

JUMP 17

「1回目に赤球を取り出す」事象を A，「2回目に白球を取り出す」事象を B とする。事象 B は次の2つの事象の和事象であり，これらは互いに排反である。
(i) 「1回目に赤球を取り出し，2回目に白球を取り出す」事象 $A\cap B$
(ii) 「1回目に白球を取り出し，2回目に白球を取り出す」事象 $\overline{A}\cap B$

考え方 $P_B(A)=\frac{P(B\cap A)}{P(B)}=\frac{P(A\cap B)}{P(B)}$ を用いる。

ここで，$P(A\cap B)=P(A)P_A(B)=\frac{6}{10}\times\frac{4}{9}=\frac{24}{90}$

$P(\overline{A}\cap B)=P(\overline{A})P_{\overline{A}}(B)=\frac{4}{10}\times\frac{3}{9}=\frac{12}{90}$

より　$P(B)=P(A\cap B)+P(\overline{A}\cap B)=\frac{24}{90}+\frac{12}{90}=\frac{36}{90}$

←「2回目に白球を取り出す」事象 B の確率は $P(B)=\frac{36}{90}=\frac{2}{5}$ で「1回目に白球を取り出す」事象 $\overline{A}$ の確率 $P(\overline{A})=\frac{4}{10}=\frac{2}{5}$ と一致する。

よって，求める確率は

$$P_B(A)=\frac{P(A\cap B)}{P(B)}=\frac{24}{90}\div\frac{36}{90}=\frac{24}{36}=\mathbf{\frac{2}{3}}$$

←$P_B(A)=\frac{P(B\cap A)}{P(B)}=\frac{P(A\cap B)}{P(B)}$

18 期待値 (p.42)

108 1等，2等，3等，4等である確率は，
それぞれ　$\frac{2}{100}$，$\frac{3}{100}$，$\frac{15}{100}$，$\frac{80}{100}$
よって，求める期待値は

$$10000\times\frac{2}{100}+5000\times\frac{3}{100}+1000\times\frac{15}{100}+0\times\frac{80}{100}=\mathbf{500}\text{（円）}$$

期待値

X の値	x_1	x_2	…	x_n	計
確率	p_1	p_2	…	p_n	1

$x_1p_1+x_2p_2+\cdots+x_np_n$

109 1の目が出る確率は　$\frac{1}{6}$，　偶数の目が出る確率は　$\frac{3}{6}$

それ以外の目が出る確率は　$1-\frac{1}{6}-\frac{3}{6}=\frac{2}{6}$

したがって，もらえる得点とその確率は，右の表のようになる。
よって，求める期待値は

得点	150	50	0	計
確率	$\frac{1}{6}$	$\frac{3}{6}$	$\frac{2}{6}$	1

$$150\times\frac{1}{6}+50\times\frac{3}{6}+0\times\frac{2}{6}=\mathbf{50}\text{（点）}$$

110　赤球を取り出す確率は　$\frac{4}{10}$

白球を取り出す確率は　$\frac{3}{10}$

青球を取り出す確率は　$\frac{3}{10}$

したがって，もらえる得点とその確率は，右の表のようになる。

得点	100	50	10	計
確率	$\frac{4}{10}$	$\frac{3}{10}$	$\frac{3}{10}$	1

よって，求める期待値は

$100\times\frac{4}{10}+50\times\frac{3}{10}+10\times\frac{3}{10}=$**58（点）**

111　赤球を 0 個取り出す確率は　$\frac{{}_2C_2}{{}_5C_2}=\frac{1}{10}$　⬅白球 2 個

赤球を 1 個取り出す確率は　$\frac{{}_3C_1\times{}_2C_1}{{}_5C_2}=\frac{6}{10}$　⬅赤球 1 個と白球 1 個

赤球を 2 個取り出す確率は　$\frac{{}_3C_2}{{}_5C_2}=\frac{3}{10}$

したがって，赤球の個数とその確率は，右の表のようになる。

個数	0	1	2	計
確率	$\frac{1}{10}$	$\frac{6}{10}$	$\frac{3}{10}$	1

よって，求める期待値は

$0\times\frac{1}{10}+1\times\frac{6}{10}+2\times\frac{3}{10}=\boldsymbol{\frac{6}{5}}$ **（個）**

112　表が出る枚数が 3 枚である確率は　$\frac{1}{2^3}=\frac{1}{8}$

表が出る枚数が 2 枚である確率は　$\frac{{}_3C_2}{2^3}=\frac{3}{8}$

表が出る枚数が 1 枚である確率は　$\frac{{}_3C_1}{2^3}=\frac{3}{8}$

表が出る枚数が 0 枚である確率は　$\frac{1}{2^3}=\frac{1}{8}$

したがって，もらえる金額とその確率は，右の表のようになる。

金額	150 円	100 円	50 円	0 円	計
確率	$\frac{1}{8}$	$\frac{3}{8}$	$\frac{3}{8}$	$\frac{1}{8}$	1

よって，求める期待値は

$150\times\frac{1}{8}+100\times\frac{3}{8}+50\times\frac{3}{8}+0\times\frac{1}{8}=$**75（円）**

113　カードの数字の和が 2 になるのは (1，1) と引く場合で，その確率は　$\frac{1}{2}\times\frac{1}{2}=\frac{1}{4}$　⬅(1 回目の数字，2 回目の数字)

カードの数字の和が 3 になるのは (1，2)，(2，1) と引く場合で，その確率は　$\frac{1}{2}\times\frac{1}{2}+\frac{1}{2}\times\frac{1}{2}=\frac{2}{4}$

カードの数字の和が 4 になるのは (2，2) と引く場合で，その確率は

$\frac{1}{2}\times\frac{1}{2}=\frac{1}{4}$

したがって，カードの数字の和とその確率は，右の表のようになる。

数字の和	2	3	4	計
確率	$\frac{1}{4}$	$\frac{2}{4}$	$\frac{1}{4}$	1

よって，求める期待値は

$2\times\frac{1}{4}+3\times\frac{2}{4}+4\times\frac{1}{4}=$**3**

114 同じ目が出る確率は $\frac{6}{6^2}=\frac{6}{36}$

2つの目の差が1になるのは

(1, 2), (2, 3), (3, 4), (4, 5), (5, 6), (2, 1), (3, 2), (4, 3), (5, 4), (6, 5) の10通りであるから，その確率は $\frac{10}{6^2}=\frac{10}{36}$

それ以外の目が出る確率は $1-\frac{6}{36}-\frac{10}{36}=\frac{20}{36}$

したがって，得点とその確率は右の表のようになる。

得点	300	90	0	計
確率	$\frac{6}{36}$	$\frac{10}{36}$	$\frac{20}{36}$	1

よって，求める期待値は

$300\times\frac{6}{36}+90\times\frac{10}{36}+0\times\frac{20}{36}=$**75（点）**

115 目の和が10以上になるのは

(4, 6), (5, 5), (6, 4), (5, 6), (6, 5), (6, 6)

の6通りであるから，その確率は $\frac{6}{6^2}=\frac{6}{36}$

よって，もらえる金額の期待値は

$500\times\frac{6}{36}=\frac{250}{3}\fallingdotseq 83.33\cdots\cdots$（円）

$\frac{250}{3}<100$ より，このゲームに参加するのは**有利といえない。**

←もらえる金額の期待値が参加料より低い。

JUMP 18

考え方 小さい方の番号で場合分けして考える。

1と2以上のカードを引く確率は $\frac{4}{{}_5C_2}=\frac{4}{10}$

2と3以上のカードを引く確率は $\frac{3}{{}_5C_2}=\frac{3}{10}$

3と4以上のカードを引く確率は $\frac{2}{{}_5C_2}=\frac{2}{10}$

4と5のカードを引く確率は $\frac{1}{{}_5C_2}=\frac{1}{10}$

したがって，小さい方の番号とその確率は，右の表のようになる。

番号	1	2	3	4	計
確率	$\frac{4}{10}$	$\frac{3}{10}$	$\frac{2}{10}$	$\frac{1}{10}$	1

よって，求める期待値は

$1\times\frac{4}{10}+2\times\frac{3}{10}+3\times\frac{2}{10}+4\times\frac{1}{10}=\frac{20}{10}=\mathbf{2}$

まとめの問題 場合の数と確率④ (p.44)

1 (1) 箱Aからくじを引く試行と，箱Bからくじを引く試行は，互いに独立である。

Aから引いたくじが当たる確率は $\frac{3}{9}$，はずれる確率は $\frac{6}{9}$

Bから引いたくじが当たる確率は $\frac{2}{14}$，はずれる確率は $\frac{12}{14}$

Aのくじが当たってBのくじがはずれる確率は

$\frac{3}{9}\times\frac{12}{14}=\frac{6}{21}$

Aのくじがはずれて Bのくじが当たる確率は

$\frac{6}{9}\times\frac{2}{14}=\frac{2}{21}$

これらの事象は互いに排反であるから，求める確率は

$$\frac{6}{21}+\frac{2}{21}=\mathbf{\frac{8}{21}}$$

(2) 両方とも当たる確率は $\frac{3}{9}\times\frac{2}{14}=\frac{1}{21}$

両方ともはずれる確率は $\frac{6}{9}\times\frac{12}{14}=\frac{12}{21}$

これらの事象は互いに排反であるから，求める確率は

$$\frac{1}{21}+\frac{12}{21}=\mathbf{\frac{13}{21}}$$

別解 「両方とも当たるか，または両方ともはずれる」事象は，「どちらか一方だけが当たる」事象の余事象であるから，求める確率は

$$1-\frac{8}{21}=\mathbf{\frac{13}{21}}$$

⬅互いに排反のときは，確率の加法定理

⬅互いに排反のときは，確率の加法定理

⬅事象 A の余事象 $\overline{A}$ の確率 $P(\overline{A})=1-P(A)$

2 (1) a，b，c がストライクを出す確率は，それぞれ $\frac{1}{6}$，$\frac{2}{5}$，$\frac{3}{8}$ である。このとき，b，c がストライクを出さない確率はそれぞれ

$$1-\frac{2}{5}=\frac{3}{5},\ 1-\frac{3}{8}=\frac{5}{8}$$

であるから，求める確率は

$$\frac{1}{6}\times\frac{3}{5}\times\frac{5}{8}=\mathbf{\frac{1}{16}}$$

(2) a，b だけがストライクを出す確率は

$$\frac{1}{6}\times\frac{2}{5}\times\frac{5}{8}=\frac{10}{240}$$

a，c だけがストライクを出す確率は

$$\frac{1}{6}\times\frac{3}{5}\times\frac{3}{8}=\frac{9}{240}$$

b，c だけがストライクを出す確率は

$$\frac{5}{6}\times\frac{2}{5}\times\frac{3}{8}=\frac{30}{240}$$

3 人ともストライクを出す確率は

$$\frac{1}{6}\times\frac{2}{5}\times\frac{3}{8}=\frac{6}{240}$$

これらの事象は互いに排反であるから，求める確率は

$$\frac{10}{240}+\frac{9}{240}+\frac{30}{240}+\frac{6}{240}=\frac{55}{240}=\mathbf{\frac{11}{48}}$$

⬅(出さない確率) =1−(出す確率)

⬅○…出す，×…出さない

a	b	c
○	○	×
○	×	○
×	○	○
○	○	○

2 人以上がストライクを出すのは，上の 4 つの場合である。

⬅互いに排反のとき，確率の加法定理

3 (1) 5 以上の目が「ちょうど 3 回出る」事象を A，「ちょうど 4 回出る」事象を B，「5 回とも出る」事象を C とすると，「5 以上の目が 3 回以上出る」事象は，和事象 $A\cup B\cup C$ である。

ここで，$P(A)={}_5C_3\left(\frac{2}{6}\right)^3\left(1-\frac{2}{6}\right)^{5-3}=10\times\frac{1}{27}\times\frac{4}{9}=\frac{40}{243}$

$P(B)={}_5C_4\left(\frac{2}{6}\right)^4\left(1-\frac{2}{6}\right)^{5-4}=5\times\frac{1}{81}\times\frac{2}{3}=\frac{10}{243}$

$P(C)={}_5C_5\left(\frac{2}{6}\right)^5=1\times\frac{1}{243}=\frac{1}{243}$

であり，A，B，C は互いに排反であるから，求める確率は

$$P(A\cup B\cup C)=P(A)+P(B)+P(C)$$
$$=\frac{40}{243}+\frac{10}{243}+\frac{1}{243}=\mathbf{\frac{17}{81}}$$

(2) 求める事象は，4 回目までで 5 以上の目がちょうど 2 回出て，5 回目に 5 以上の目が出る事象である。よって，求める確率は

$${}_4C_2\left(\frac{2}{6}\right)^2\left(1-\frac{2}{6}\right)^{4-2}\times\frac{2}{6}=6\times\frac{1}{9}\times\frac{4}{9}\times\frac{1}{3}=\mathbf{\frac{8}{81}}$$

⬅5 以上を○，4 以下を×で表す。
① ② ③ ④ ⑤
○が 2 回 ○
×が 2 回 ↑3 度目

4 (1) $A\cap B$ は，「自転車通学者で，男子である」事象であるから

$$P(A\cap B)=\frac{16}{40}=\mathbf{\frac{2}{5}}$$

⬅$P(A\cap B)$ は条件つきでない確率

(2) $n(B)=22$，$n(B\cap A)=n(A\cap B)=16$ であるから

$$P_B(A)=\frac{n(B\cap A)}{n(B)}=\frac{16}{22}=\mathbf{\frac{8}{11}}$$

(3) $n(A)=27$，$n(A\cap\overline{B})=11$ であるから

$$P_A(\overline{B})=\frac{n(A\cap\overline{B})}{n(A)}=\mathbf{\frac{11}{27}}$$

⬅$\overline{B}$ は「女子である」事象

5 (1) 引いたくじをもとにもどすので，a がくじを引く試行と b がくじを引く試行は互いに独立である。

よって，a が当たる確率は $\frac{2}{12}=\mathbf{\frac{1}{6}}$

b が当たる確率も $\frac{2}{12}=\mathbf{\frac{1}{6}}$

⬅a が引くくじの結果は，b が引くくじの結果に影響を及ぼさない。

(2)「a が当たる」事象を A，「b が当たる」事象を B とする。

a が当たる確率は $P(A)=\frac{2}{12}=\frac{1}{6}$

一方，事象 B は次の 2 つの事象の和事象であり，これらは互いに排反である。

(i)「a が当たり，b も当たる」事象 $A\cap B$

(ii)「a がはずれて，b が当たる」事象 $\overline{A}\cap B$

ここで $P(A\cap B)=P(A)P_A(B)=\frac{2}{12}\times\frac{1}{11}=\frac{2}{132}$

$$P(\overline{A}\cap B)=P(\overline{A})P_{\overline{A}}(B)=\frac{10}{12}\times\frac{2}{11}=\frac{20}{132}$$

⬅a が引くくじの結果は，b が引くくじの結果に影響を及ぼすから，条件つき確率を用いる。

よって，b が当たる確率は

$$P(B)=P(A\cap B)+P(\overline{A}\cap B)=\frac{2}{132}+\frac{20}{132}=\frac{22}{132}=\mathbf{\frac{1}{6}}$$

6 0 回赤球を取り出す確率は $\left(\frac{7}{10}\right)^2=\frac{49}{100}$

1 回赤球を取り出す確率は ${}_2C_1\left(\frac{3}{10}\right)\left(\frac{7}{10}\right)=\frac{42}{100}$

2 回赤球を取り出す確率は $\left(\frac{3}{10}\right)^2=\frac{9}{100}$

したがって，得点とその確率は，右の表のようになる。

得点	0	50	100	計
確率	$\frac{49}{100}$	$\frac{42}{100}$	$\frac{9}{100}$	1

よって，求める期待値は

$$0\times\frac{49}{100}+50\times\frac{42}{100}+100\times\frac{9}{100}=\mathbf{30}\ \textbf{(点)}$$

19 平行線と線分の比・線分の内分と外分 (p.46)

116 (1)　AD：AB＝AE：AC より　12：30＝x：25

よって　$30x=12\times25$　　したがって　$x=\mathbf{10}$

AD：AB＝DE：BC より　12：30＝y：20

よって　$30y=12\times20$　　したがって　$y=\mathbf{8}$

(2)　AD：AB＝AE：AC より　3：5＝x：4

よって　$5x=3\times4$　　したがって　$x=\mathbf{\dfrac{12}{5}}$

AD：AB＝DE：BC より　3：5＝2：y

よって　$3y=5\times2$　　したがって　$y=\mathbf{\dfrac{10}{3}}$

117 (1)　AD：AB＝AE：AC より　4：6＝x：9

よって　$6x=4\times9$　　したがって　$x=\mathbf{6}$

AD：AB＝DE：BC より　4：6＝y：6

よって　$6y=4\times6$　　したがって　$y=\mathbf{4}$

(2)　AD：AB＝DE：BC より　5：10＝x：$(x+3)$

よって　$10x=5(x+3)$　　したがって　$x=\mathbf{3}$

AD：AB＝AE：AC より　5：10＝4：y

よって　$5y=10\times4$　　したがって　$y=\mathbf{8}$

←$3^2+4^2=5^2$（三平方の定理）より，△ADE は直角三角形

118 (1)

(2)

(3)

119 (1)

(2)

(3)

(4)

120　AD：AF＝AE：AG より　$(x+3)$：6＝24：8

よって　$8(x+3)=6\times24$　　したがって　$x=\mathbf{15}$

AB：AF＝BC：FG より　15：6＝$(5+y)$：9

よって　$6(5+y)=15\times9$　　したがって　$y=\mathbf{\dfrac{35}{2}}$

AD：AF＝DE：FG より　18：6＝z：9

よって　$6z=18\times9$　　したがって　$z=\mathbf{27}$

平行線と線分の比

△ABC の辺 AB，AC，またはそれらの延長上に，それぞれ点 D，E があるとき，

DE∥BC ならば

AD：AB＝AE：AC

AD：AB＝DE：BC

AD：DB＝AE：EC

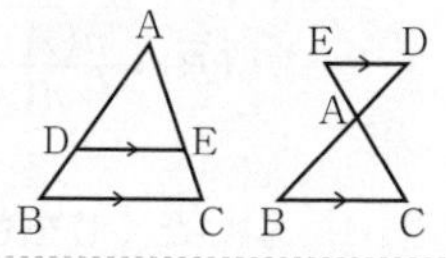

線分の内分

点 P は線分 AB を $m：n$ に内分 ⟺

線分 AB 上の点 P が

AP：PB＝$m：n$

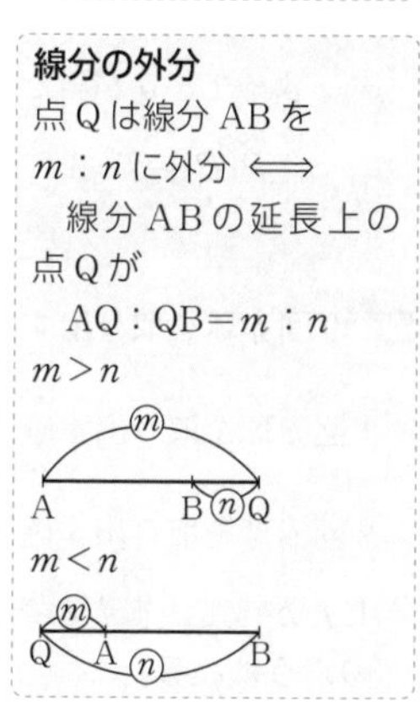

線分の外分

点 Q は線分 AB を $m：n$ に外分 ⟺

線分 AB の延長上の点 Q が

AQ：QB＝$m：n$

$m>n$

$m<n$

JUMP 19

△ABC において　AE：AB＝EF：BC より

$x:(x+4)=y:5$　　よって　$5x=(x+4)y$ ……①

△BAD において　BE：BA＝EF：AD より

$4:(4+x)=y:2$　よって　$8=(x+4)y$　　……②

①，②より　$5x=8$　　したがって　$x=\mathbf{\frac{8}{5}}$

これを②に代入して　$8=\left(\frac{8}{5}+4\right)y$　　したがって　$y=\mathbf{\frac{10}{7}}$

考え方　△ABC と △BAD において，平行線と線分の比を考える。

20 角の二等分線と線分の比 (p.48)

121　BD：DC＝AB：AC より　$x:(10-x)=8:5$

よって　$5x=8(10-x)$　　したがって　$x=\mathbf{\frac{80}{13}}$

122　BE：EC＝AB：AC より　$(5+x):x=5:2$

よって　$5x=2(5+x)$　　したがって　$x=\mathbf{\frac{10}{3}}$

123　(1)　BD：DC＝AB：AC より　$x:(6-x)=8:4$

よって　$4x=8(6-x)$　　したがって　$x=\mathbf{4}$

(2)　BE：EC＝AB：AC より　$(6+y):y=8:4$

よって　$8y=4(6+y)$　　したがって　$y=\mathbf{6}$

(3)　$CD=6-x=6-4=2$

よって　$z=CD+CE=2+y=2+6=\mathbf{8}$

124　BD＝x，BE＝y とする。

BD：DC＝AB：AC より

$x:(7-x)=5:10$

よって　$10x=5(7-x)$

したがって　$x=\frac{7}{3}$

BE：EC＝AB：AC より

$y:(y+7)=5:10$

よって　$10y=5(y+7)$

したがって　$y=7$

DE＝$x+y$ より　DE＝$\frac{7}{3}+7=\mathbf{\frac{28}{3}}$

125　(1)　AD＝x とする。

AD：DC＝BA：BC より　$x:(6-x)=8:4$

よって　$4x=8(6-x)$

したがって　$x=\mathbf{4}$

(2)　BE＝y とする。

AE：EB＝CA：CB より　$(8-y):y=6:4$

よって　$6y=4(8-y)$

したがって　$y=\mathbf{\frac{16}{5}}$

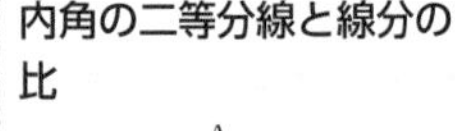

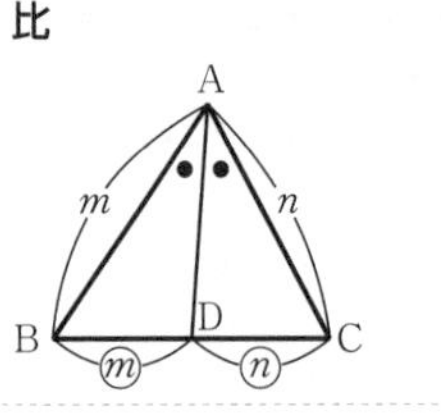

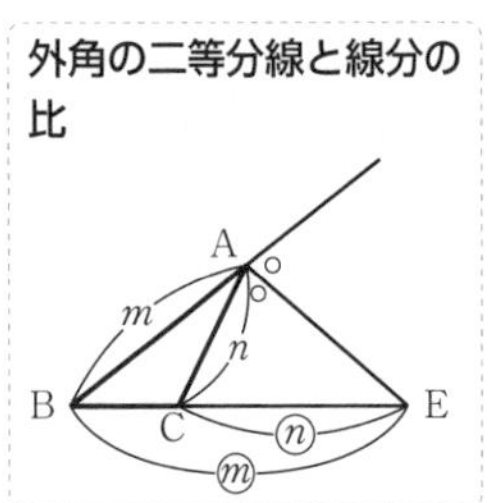

JUMP 20

AMを延長し，その延長先をFとする。
このとき，$\angle\text{AMD}=\angle\text{BMD}$ であるから
$\angle\text{CME}=\angle\text{FME}$
ここで，MEは$\angle$AMCの外角の二等分線であるから，$\text{CE}=x$ とすると
$\text{AE}:\text{EC}=\text{MA}:\text{MC}$ より $(5+x):x=5:3$
よって $5x=3(5+x)$
したがって $x=\boldsymbol{\frac{15}{2}}$

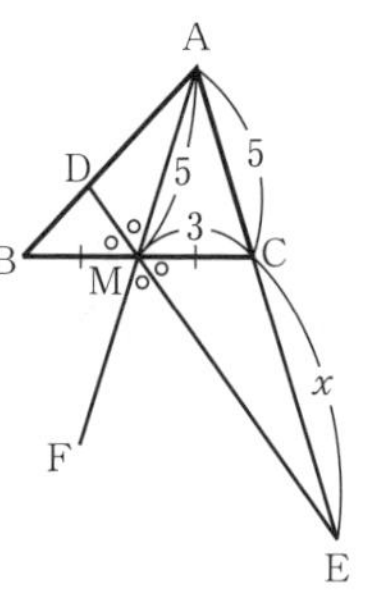

考え方 AMを延長し，MEが$\angle$AMCの外角の二等分線であることに着目して考える。

21 三角形の重心・内心・外心(p.50)

126 点Gは$\triangle$ABCの重心であるから
$\text{AG}:\text{GL}=2:1$ より $8:\text{GL}=2:1$
よって $\text{GL}=4$ であるから $\text{AL}=\text{AG}+\text{GL}=8+4=\mathbf{12}$

←三角形の3本の中線の交点が重心。重心は，それぞれの中線を2：1に内分する。

127 点Iは$\triangle$ABCの内心であるから
$\angle\text{IBC}=\angle\text{ABC}\div2=60^\circ\div2=30^\circ$
また $\angle\text{ACB}=180^\circ-(\angle\text{BAC}+\angle\text{ABC})$
$=180^\circ-(50^\circ+60^\circ)=70^\circ$
よって $\angle\text{ICB}=\angle\text{ACB}\div2=70^\circ\div2=35^\circ$
したがって $\theta=180^\circ-(\angle\text{IBC}+\angle\text{ICB})$
$=180^\circ-(30^\circ+35^\circ)=\mathbf{115^\circ}$

←3つの内角の二等分線の交点が内心。

←$\angle\text{BAC}+\angle\text{ABC}+\angle\text{ACB}=180^\circ$

←$\angle\text{BIC}+\angle\text{IBC}+\angle\text{ICB}=180^\circ$

128 $\text{BM}=\frac{1}{2}\text{BC}=4$，$\text{AG}=\text{BM}$ より $\text{AG}=4$
点Gは$\triangle$ABCの重心であるから
$\text{AG}:\text{GM}=2:1$ より $4:\text{GM}=2:1$
よって $\text{GM}=2$ であるから $\text{AM}=\text{AG}+\text{GM}=4+2=\mathbf{6}$

129 (1) 点Iは$\triangle$ABCの内心であるから
$\angle\text{ABI}=\angle\text{CBI}=25^\circ$
$\angle\text{ACI}=\angle\text{BCI}=\theta$
$\triangle$IABにおいて
$\angle\text{BAI}+100^\circ+25^\circ=180^\circ$
ゆえに $\angle\text{BAI}=55^\circ$
よって $\angle\text{CAI}=55^\circ$
$\triangle$ABCにおいて
$\angle\text{ABC}+\angle\text{BCA}+\angle\text{CAB}=(25^\circ+25^\circ)+(\theta+\theta)+(55^\circ+55^\circ)$
$=180^\circ$
したがって $\theta=\mathbf{10^\circ}$

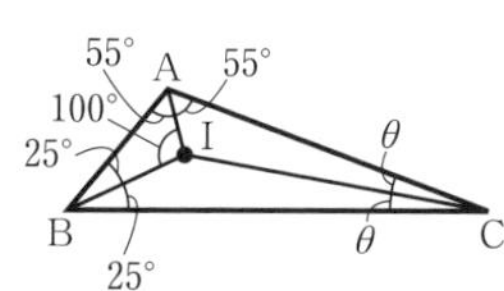

(2) 点Oと点Aを結ぶ。点Oは$\triangle$ABCの外心であるから
$\text{OA}=\text{OB}=\text{OC}$
よって $\angle\text{OAB}=\angle\text{OBA}=\alpha$
$\angle\text{OBC}=\angle\text{OCB}=\beta$
$\angle\text{OCA}=\angle\text{OAC}=\gamma$ とかける。
$\triangle$ABCにおいて
$\alpha+\gamma=50^\circ$
$2\times(\alpha+\beta+\gamma)=180^\circ$

←外心から各頂点までの距離は等しい。

ゆえに

$2\times(\beta+50^\circ)=180^\circ$

よって　$2\beta=80^\circ$

△OBC において

$\theta=180^\circ-2\beta=180^\circ-80^\circ=\mathbf{100^\circ}$

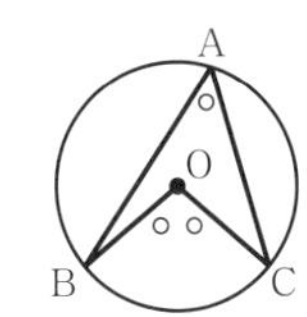

別解　∠BAC は △ABC の外接円の円周角，∠BOC はその中心角だから，円周角の定理より

$\angle BOC=2\times\angle BAC=2\times50^\circ=\mathbf{100^\circ}$

⬅O は △ABC の外接円の中心

⬅円周角の定理より中心角 ∠BOC は円周角 ∠BAC の 2 倍

(3)　点 O は △ABC の外心であるから　OA=OB=OC

よって　$\angle OAB=\angle OBA=40^\circ$

$\angle OCA=\angle OAC=40^\circ$

$\angle OCB=\angle OBC=\theta$

△ABC において

$\angle ABC+\angle BCA+\angle CAB=(90^\circ+\theta)+(40^\circ+\theta)+(40^\circ+40^\circ)$
$=180^\circ$

したがって　$\theta=\mathbf{10^\circ}$

130 (1)　点 I は △ABC の内心であるから，AD は ∠A の二等分線である。

BD$=x$ とすると，DC$=5-x$ であるから，BD：DC=AB：AC より

$x:(5-x)=3:4$

よって　$4x=3(5-x)$　　したがって　$x=\mathbf{\dfrac{15}{7}}$

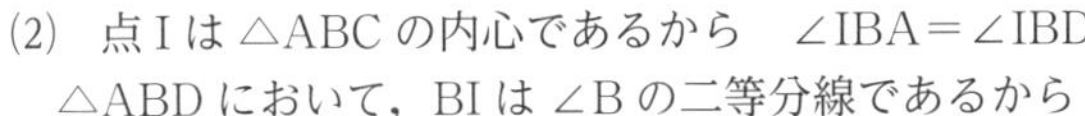

(2)　点 I は △ABC の内心であるから　∠IBA=∠IBD

△ABD において，BI は ∠B の二等分線であるから

$AI:ID=BA:BD=3:\dfrac{15}{7}=\mathbf{7:5}$

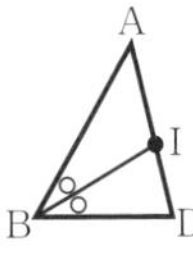

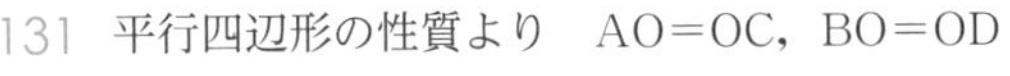

131　平行四辺形の性質より　AO=OC，BO=OD

よって，△ABC において点 P は重心である。

ゆえに　BP：PO=2：1

BO$=3a$ とすると　BP$=2a$，PO$=a$

同様に　DQ$=2a$，QO$=a$

ゆえに　BP=PQ=QD$=2a$

よって，BD=9 より　PQ=**3**

⬅平行四辺形の対角線は，それぞれの中点で交わる。

JUMP 21

点 G は △ABC の重心であるから，AG の延長と BC の交点を M とすると，点 M は BC の中点である。また，∠BAC=90° より，点 M は △ABC の外心になっている。

よって　$AM=BM=CM=\dfrac{9}{2}$

点 G は △ABC の重心であるから

AG：GM=2：1

したがって　　$AG=\dfrac{2}{3}AM=\dfrac{2}{3}\times\dfrac{9}{2}=\mathbf{3}$

考え方　直角三角形 ABC の外接円を考える。

22 メネラウスの定理，チェバの定理 (p.52)

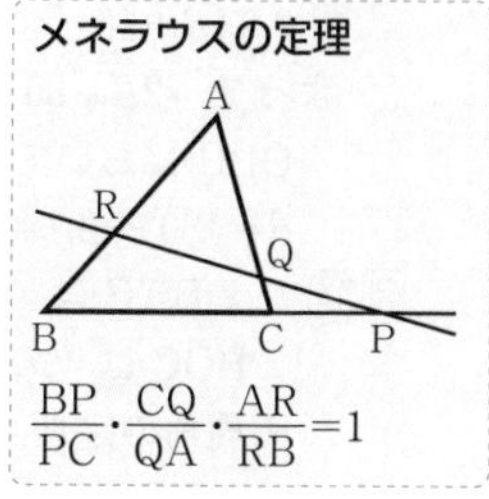

$\dfrac{BP}{PC}\cdot\dfrac{CQ}{QA}\cdot\dfrac{AR}{RB}=1$

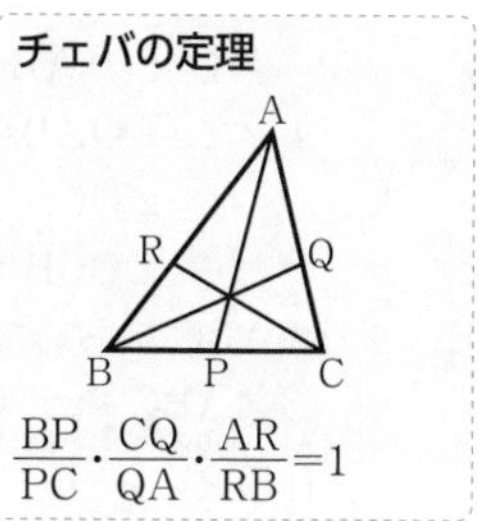

$\dfrac{BP}{PC}\cdot\dfrac{CQ}{QA}\cdot\dfrac{AR}{RB}=1$

132 メネラウスの定理より $\dfrac{6}{2}\cdot\dfrac{CQ}{QA}\cdot\dfrac{3}{2}=1$

ゆえに $\dfrac{CQ}{QA}=\dfrac{2}{9}$

よって AQ：QC=**9：2**

133 チェバの定理より $\dfrac{1}{4}\cdot\dfrac{CQ}{QA}\cdot\dfrac{3}{2}=1$

ゆえに $\dfrac{CQ}{QA}=\dfrac{8}{3}$

よって AQ：QC=**3：8**

134 (1) BP：BC=1：2 より BP：PC=1：3

メネラウスの定理より $\dfrac{1}{3}\cdot\dfrac{CQ}{QA}\cdot\dfrac{3}{1}=1$ ⬅ $\dfrac{BP}{PC}\cdot\dfrac{CQ}{QA}\cdot\dfrac{AR}{RB}=1$

ゆえに $\dfrac{CQ}{QA}=1$ ⬅ $\dfrac{CQ}{QA}=1=\dfrac{1}{1}$

よって AQ：QC=**1：1**

(2) チェバの定理より $\dfrac{1}{1}\cdot\dfrac{3}{4}\cdot\dfrac{AR}{RB}=1$ ⬅ $\dfrac{BP}{PC}\cdot\dfrac{CQ}{QA}\cdot\dfrac{AR}{RB}=1$

ゆえに $\dfrac{AR}{RB}=\dfrac{4}{3}$

よって AR：RB=**4：3**

135 △BAE と直線 DC について，メネラウスの定理より

$\dfrac{2}{3}\cdot\dfrac{9}{4}\cdot\dfrac{EO}{OB}=1$ ゆえに $\dfrac{EO}{OB}=\dfrac{2}{3}$ ⬅ $\dfrac{BD}{DA}\cdot\dfrac{AC}{CE}\cdot\dfrac{EO}{OB}=1$

よって BO：OE=**3：2**

136 (1) チェバの定理より $\dfrac{1}{2}\cdot\dfrac{1}{2}\cdot\dfrac{AR}{RB}=1$ ⬅ $\dfrac{BP}{PC}\cdot\dfrac{CQ}{QA}\cdot\dfrac{AR}{RB}=1$

ゆえに $\dfrac{AR}{RB}=\dfrac{4}{1}$ よって AR：RB=**4：1**

(2) △ABP と直線 RC について，メネラウスの定理より

$\dfrac{3}{2}\cdot\dfrac{PO}{OA}\cdot\dfrac{4}{1}=1$ ゆえに $\dfrac{PO}{OA}=\dfrac{1}{6}$ ⬅ $\dfrac{BC}{CP}\cdot\dfrac{PO}{OA}\cdot\dfrac{AR}{RB}=1$

よって AO：OP=**6：1**

(3) △OBC と △ABC は，辺 BC を共有しているから ⬅ともに BC を底辺と考える。

$\dfrac{\triangle OBC}{\triangle ABC}=\dfrac{OP}{AP}=\dfrac{1}{6+1}=\dfrac{1}{7}$ ⬅(2)より AO：OP=6：1

よって △OBC：△ABC=**1：7**

JUMP 22

メネラウスの定理より $\dfrac{3}{2}\times\dfrac{3}{1}\times\dfrac{CF}{FA}=1$

ゆえに $\dfrac{CF}{FA}=\dfrac{2}{9}$

CA＝FA−CF より　FC：CA＝2：7

△BCF と △ABC は，辺 BC を共有しているから，

△BCF：△ABC＝2：7 より

$\triangle BCF=\dfrac{2}{7}\triangle ABC$　……①

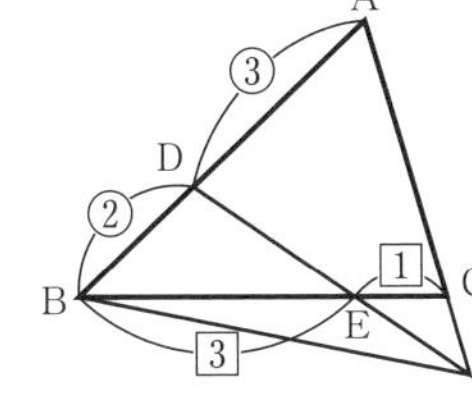

考え方　まず，△BCF と △ABC の面積比を求める。

⬅ $\dfrac{AD}{DB}\cdot\dfrac{BE}{EC}\cdot\dfrac{CF}{FA}=1$

また，△BEF と △BCF は，高さが共通であるから，

△BEF：△BCF＝3：4 より

$\triangle BEF=\dfrac{3}{4}\triangle BCF$　……②

⬅BE，BC を底辺と考える。

①，②より　$\triangle BEF=\dfrac{3}{4}\times\dfrac{2}{7}\triangle ABC=\dfrac{3}{14}\triangle ABC$

したがって　△BEF：△ABC＝**3：14**

23 円周角の定理とその逆 (p.54)

137 (1)　∠ABD＝180°−(33°＋112°)＝35°

円周角の定理より　∠ABD＝∠ACD

よって　θ＝**35°**

(2)　円周角は中心角の半分だから

$\angle ACB=\dfrac{1}{2}\angle AOB$

よって　θ＝102°÷2＝**51°**

円周角の定理

1 つの弧に対する円周角の大きさは一定であり，その弧に対する中心角の大きさの半分である。

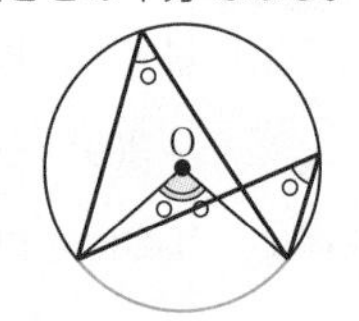

138 ∠BAE＝100°−55°＝45° であるから

∠BAC＝∠BDC＝45°

したがって，4 点 A，B，C，D は**同一円周上にある。**

139 (1)　θ＝49°×2＝**98°**

(2)　∠ACD＝100°−40°＝60°

円周角の定理より　∠ABD＝∠ACD

よって　θ＝**60°**

円周角の定理の逆

4 点 A，B，P，Q について，P，Q が直線 AB の同じ側にあり，

∠APB＝∠AQB

が成り立つならば，この 4 点は同一円周上にある。

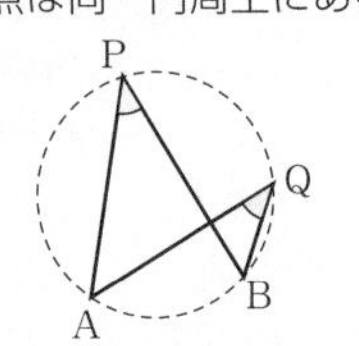

140 (1)　∠DEC＝∠AEB＝110° であるから

∠ACD＝180°−(50°＋110°)＝20°

よって　∠ABD≒∠ACD

したがって，4 点 A，B，C，D は**同一円周上にない。**

(2)　∠CED＝∠AEB＝60° であるから，△DEC において

∠BDC＝180°−(60°＋85°)＝35°

よって　∠BAC＝∠BDC

したがって，4 点 A，B，C，D は**同一円周上にある。**

(3)　△DBC において

∠BDC＝180°−(37°＋90°)＝53°

よって　∠BAC＝∠BDC

したがって，4 点 A，B，C，D は**同一円周上にある。**

141 (1) 中心角は円周角の 2 倍であるから

$\angle BOC = 2 \times \angle BDC$ より $\alpha = \mathbf{80°}$

円周角の定理より $\angle BAC = \angle BDC$

よって $\beta = \mathbf{40°}$

線分 BD は円 O の直径であるから $\angle BCD = 90°$

$\triangle BCD$ において

$\gamma = 180° - (90° + 40°) = \mathbf{50°}$

⬅半円に対する円周角は 90°

(2) 中心角は円周角の 2 倍であるから

$\angle COD = 2 \times \angle CED = 2 \times 30° = 60°$

よって $\beta = 180° - 60° = \mathbf{120°}$

CE と OD の交点を F とすると，$\triangle FOC$ において

$\gamma = 180° - (30° + 60°) = \mathbf{90°}$

円周角は中心角の半分であるから

$\angle ABD = \frac{1}{2} \angle AOD$

よって $\alpha = 120° \div 2 = \mathbf{60°}$

(3) 円周角の定理より $\angle BAC = \angle BDC = \alpha$

また，$\angle BAC = \angle CAD$ より $\angle CAD = \alpha$

よって，$\triangle ABD$ において

$2\alpha + 80° + 36° = 180°$

したがって $\alpha = \mathbf{32°}$

JUMP 23

考え方 $\angle ADB$ と $\angle CAD$ の大きさを考える。

弧 AB に対する円周角は，中心角の半分であるから

$$\angle ADB = 360° \times \frac{3}{3+4+5+6} \times \frac{1}{2} = 30°$$

同様に，弧 CD に対する円周角は

$$\angle CAD = 360° \times \frac{5}{3+4+5+6} \times \frac{1}{2} = 50°$$

ここで $\angle CPD = \angle CAD + \angle ADB$ であるから

$\theta = 30° + 50° = \mathbf{80°}$

24 円に内接する四角形と四角形が円に内接する条件 (p.56)

142 (1) 円に内接する四角形の性質から，向かい合う内角の和は 180° である。

よって $\alpha = 180° - 110° = \mathbf{70°}$

また，$\angle ABC$ は $\angle ADC$ の外角に等しいから $\beta = \mathbf{92°}$

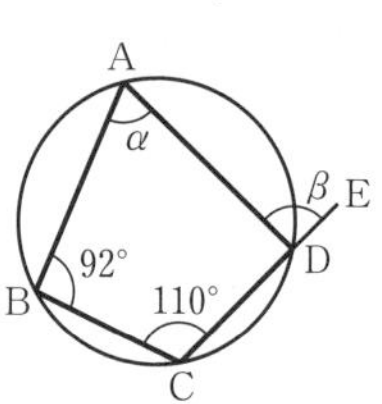

円に内接する四角形

[1] 向かい合う内角の和は 180°

[2] 1 つの内角は，それに向かい合う内角の外角に等しい。

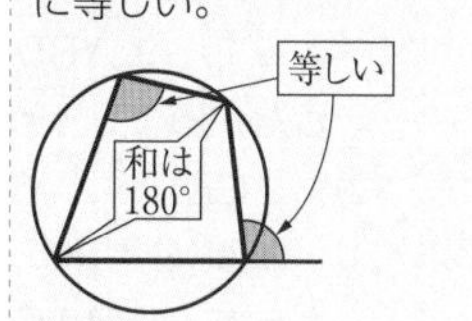

(2) 四角形 ABCD は円に内接しているから，向かい合う内角の和は 180° である。

よって $\angle BAD + \angle BCD = 180°$

ゆえに $\alpha = 180° - 50° = \mathbf{130°}$

B と D を結ぶと，$\triangle ABD$ は二等辺三角形より $\angle ABD = \frac{1}{2}(180° - 50°) = 65°$

⬅二等辺三角形は底角が等しい。

四角形 ABDE は円に内接しているから，向かい合う内角の和は 180° である。

よって $\beta = 180° - 65° = \mathbf{115°}$

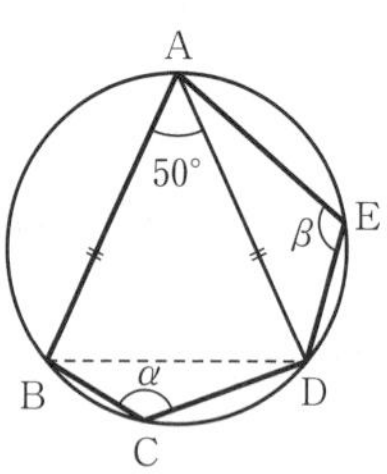

143 $\angle B+\angle D=85^\circ+85^\circ=170^\circ \neq 180^\circ$
向かい合う内角の和が 180° でないから，四角形 ABCD は円に**内接しない。**

144 (1) 四角形 ABCD は円に内接しているから，1 つの内角は，それに向かい合う内角の外角に等しい。

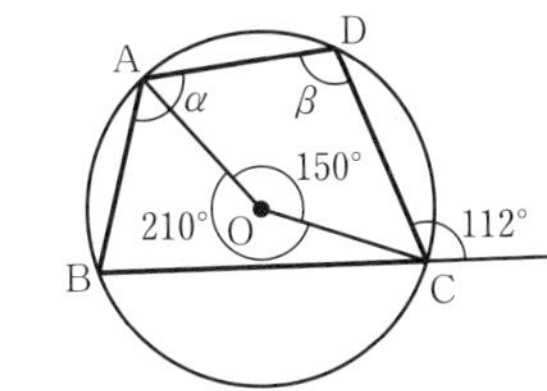

よって　$\alpha=$**112°**
弧 ABC に対する中心角は
$\angle AOC=360^\circ-150^\circ=210^\circ$
円周角は中心角の半分であるから
$\angle ADC=\frac{1}{2}\angle AOC$
よって　$\beta=210^\circ\div 2=$**105°**

(2) 四角形 ABCD は円に内接しているから，1 つの内角は，それに向かい合う内角の外角に等しい。
よって　$\angle ABC=68^\circ$
ゆえに　$\angle CBD=68^\circ-25^\circ=43^\circ$
円周角の定理より　$\angle CAD=\angle CBD$
よって　$\alpha=$**43°**

⬅$\angle CAD$ と $\angle CBD$ はともに弧 CD に対する円周角

(3) 四角形 CDEF は円に内接しているから，1 つの内角は，それに向かい合う内角の外角に等しい。
よって　$\angle ADC=\angle EFC=82^\circ$
四角形 ABCD は円に内接しているから，向かい合う内角の和は 180° である。
よって　$\angle ABC+\angle ADC=180^\circ$
ゆえに　$\alpha+82^\circ=180^\circ$
したがって　$\alpha=$**98°**

145 △ABC において，AB＝CB より
$\angle BAC=\angle BCA=40^\circ$
よって　$\angle ABC=180^\circ-40^\circ\times 2=100^\circ$
四角形 ABCD において，
$\angle ABC+\angle ADC=100^\circ+85^\circ=185^\circ \neq 180^\circ$
よって，向かい合う内角の和が 180° でないから，四角形 ABCD は円に**内接しない。**

146 (1) 右図のように，AD の延長上に点 G をとる。

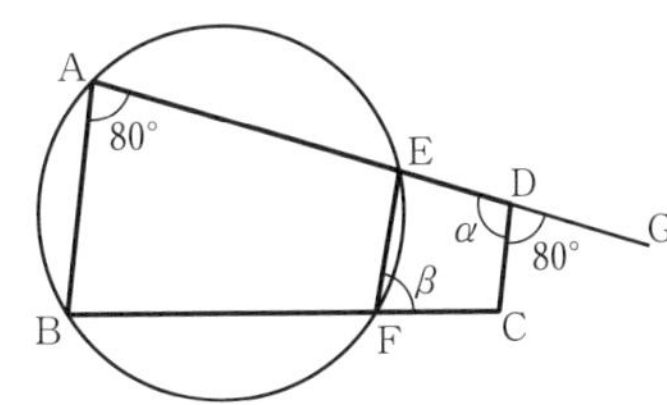

AB∥CD より
$\angle CDG=\angle BAE=80^\circ$
したがって
$\alpha=180^\circ-80^\circ=$**100°**

(2) 四角形 ABFE は円に内接しているから
$\angle CFE=\angle BAE$
よって　$\beta=$**80°**

(3)　$\angle CDE+\angle CFE=100^\circ+80^\circ=180^\circ$
よって，向かい合う内角の和が 180° であるから，四角形 EFCD は円に**内接する。**

147 ①　$\angle A+\angle C=90^\circ+70^\circ=160^\circ$
向かい合う内角の和が 180° でないから，四角形 ABCD は円に内接しない。
②　$\angle DAB=180^\circ-105^\circ=75^\circ$ より
∠DAB は ∠BCD の外角に等しい。
ゆえに，四角形 ABCD は円に内接する。
③　△BCD において，内角の和は 180° であるから
$\angle C=180^\circ-(35^\circ+25^\circ)=120^\circ$
ゆえに　$\angle A+\angle C=60^\circ+120^\circ=180^\circ$
向かい合う内角の和が 180° であるから，四角形 ABCD は円に内接する。
よって，円に内接するのは　**②と③**

JUMP 24

四角形 AEDF は
$\angle AED+\angle AFD=90^\circ+90^\circ=180^\circ$
より，円に内接する。
△AED は直角三角形であるから
$\angle ADE=180^\circ-90^\circ-40^\circ=50^\circ$
よって，円周角の定理より
$\angle AFE=\angle ADE=\mathbf{50^\circ}$

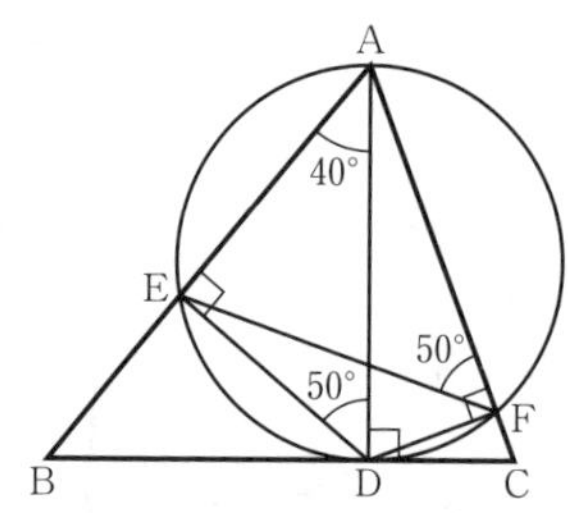

考え方　四角形 AEDF の向かい合う内角の和を考える。

⬅∠AFE と ∠ADE はともに弧 AE に対する円周角

25 円の接線と弦のつくる角 (p.58)

148 $BR=BP=x$，$AB=10$ より　$AR=10-x$
ゆえに　$AQ=AR=10-x$
また　$CQ=CP=12-x$
ここで $AC=AQ+CQ$ より
$8=(10-x)+(12-x)$
これを解いて　$x=\mathbf{7}$

149 △ABC の内角の和は 180° であるから
$\angle ACB=180^\circ-(50^\circ+60^\circ)=70^\circ$
AT は円の接線だから，接線と弦のつくる角の性質より
$\theta=\angle ACB=\mathbf{70^\circ}$

接線と弦のつくる角

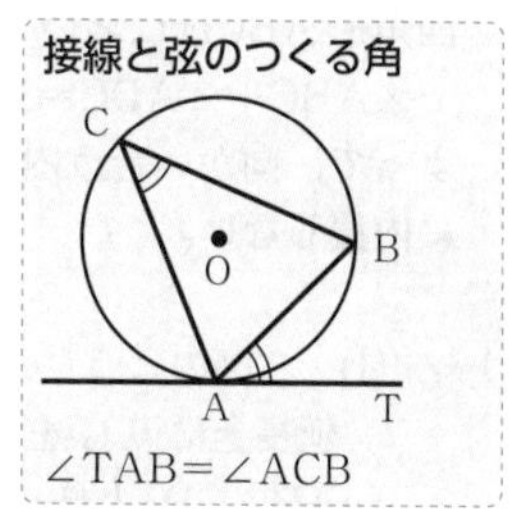

$\angle TAB=\angle ACB$

150 (1)　$BP=BR=x$，$BC=11$ より　$CP=11-x$
ゆえに　$CQ=CP=11-x$
また　$AQ=AR=7-x$
ここで，$AC=AQ+CQ$ より
$5=(7-x)+(11-x)$
これを解いて　$x=\mathbf{\frac{13}{2}}$

(2)　△ABC は直角三角形であるから，三平方の定理より
$AB^2=6^2+8^2$　よって　$AB=10$
$BP=BR=x$，$BC=8$ より　$CP=8-x$

ゆえに　CQ=CP=$8-x$
また，AQ=AR=$10-x$
ここで，AC=AQ+CQ より
$6=(10-x)+(8-x)$
これを解いて　$x=\mathbf{6}$

151 (1) ∠CAE=180°−130°=50°
接線と弦のつくる角の性質より
$\alpha=\mathbf{50°}$
また，右図のように点F をとると
∠CAF=130°
接線と弦のつくる角の性質より
$\beta=\mathbf{130°}$

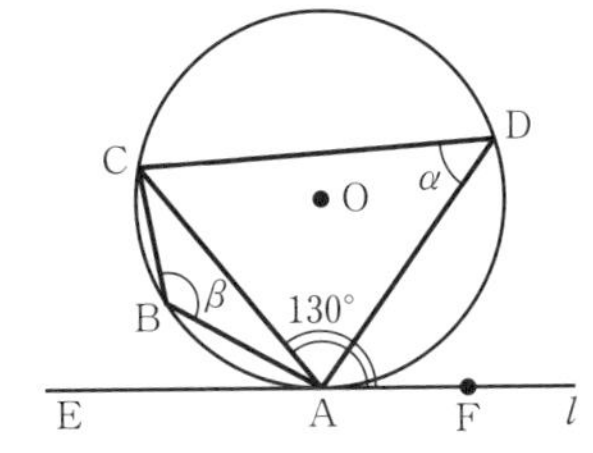

(2) 接線の長さは等しいから
PA=PB
∠APB=60° より，△PAB は正三角形
であるから　$\alpha=\mathbf{60°}$
接線と弦のつくる角の性質より
$\beta=\alpha=\mathbf{60°}$

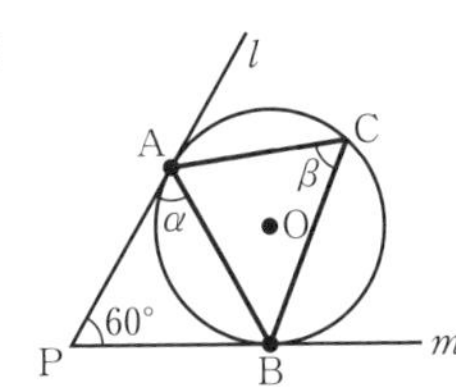

152 BP=BQ=a
CQ=CR=b
AP=AS=$5-a$
DR=DS=$3-b$
ここで，AD=AS+DS，AD=3
であるから
$3=(5-a)+(3-b)$
よって　$a+b=\mathbf{5}$

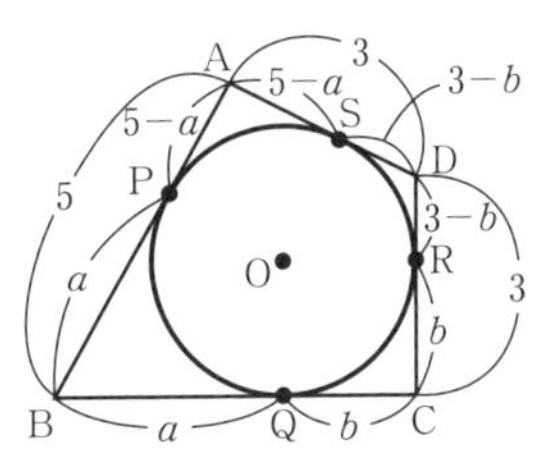

153 AD，BD は円の接線であるから
DA=DB
よって，△ABD は二等辺三角形である。
ここで，∠DAB=∠DBA=α とおくと
$2\alpha+40°=180°$
これを解いて　$\alpha=70°$
接線と弦のつくる角の性質より　$\theta=\alpha=\mathbf{70°}$

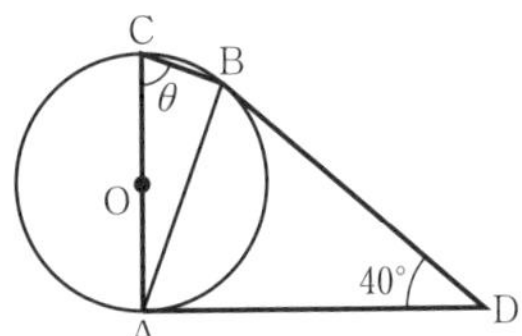

JUMP 25
接線の長さは等しいから，BD=BP，CD=CQ より
BC=BP+CQ
ゆえに
AB+BC+CA=AB+(BP+CQ)+CA
=AB+BP+CQ+CA
=AP+AQ
=2AP=2×10=**20**

接線の長さ

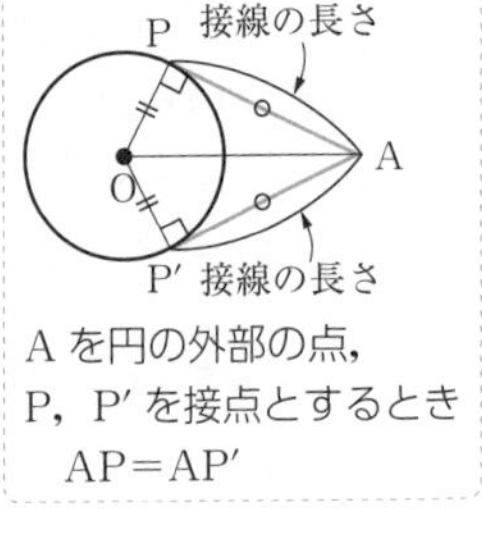

A を円の外部の点，
P，P′ を接点とするとき
AP=AP′

考え方　BC を BD と CD に分けて考える。

26 方べきの定理，2つの円(p.60)

154 PA・PB＝PC・PD より

$5\cdot(5+7)=x\cdot(x+11)$

$x^2+11x-60=0$

$(x+15)(x-4)=0$

$x>0$ より　$x=\mathbf{4}$

155 点Oから O′B に垂線 OH をおろすと

$O'H=O'B-OA=6-4=2$

△O′HO は直角三角形であるから

$OH=\sqrt{14^2-2^2}=\sqrt{192}=8\sqrt{3}$

よって　$x=OH=\mathbf{8\sqrt{3}}$

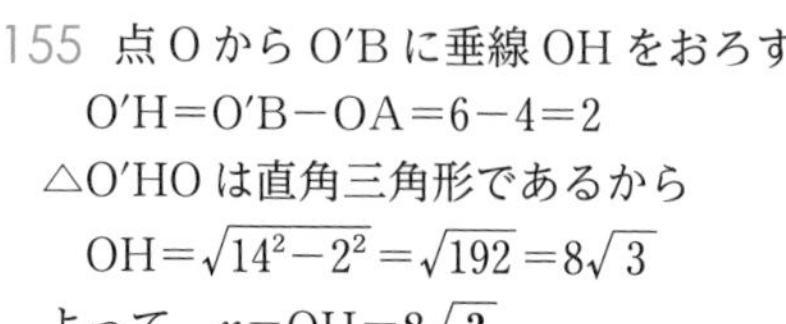

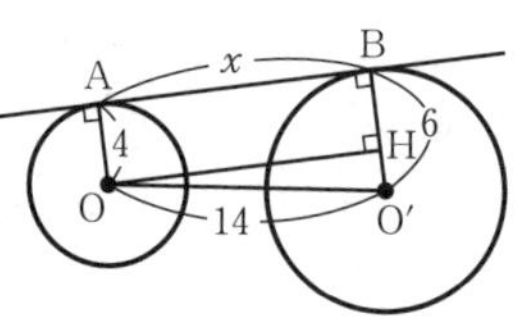

156 (1) $PA=AB-BP=9-6=3$

PA・PB＝PC・PD より

$3\cdot6=PC\cdot4$

$PC=\dfrac{9}{2}$

よって　$x=CD=PC+PD=\dfrac{9}{2}+4=\mathbf{\dfrac{17}{2}}$

(2) PA・PB＝PC・PD より

$3\cdot(3+9)=4\cdot(4+x)$

$36=16+4x$

$4x=20$

よって　$x=\mathbf{5}$

(3) $PA\cdot PB=PT^2$ より

$3\cdot(3+x)=6^2$

$9+3x=36$

$3x=27$

よって　$x=\mathbf{9}$

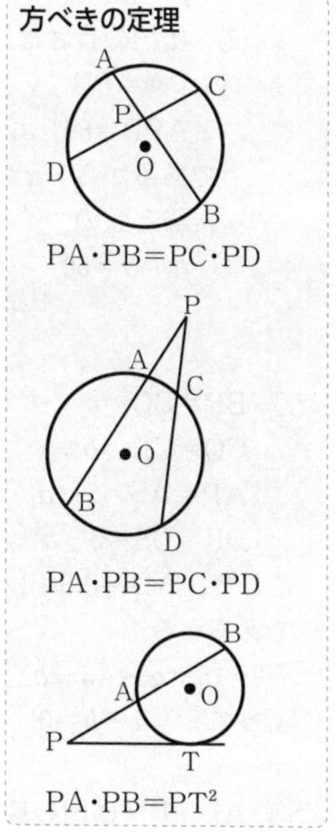

157 点O′から線分 OA に垂線 O′H をおろすと

$OH=OA-O'B=10-1=9$

△OO′H は，直角三角形であるから

$AB=O'H=\sqrt{15^2-9^2}$

$=\sqrt{144}=\mathbf{12}$

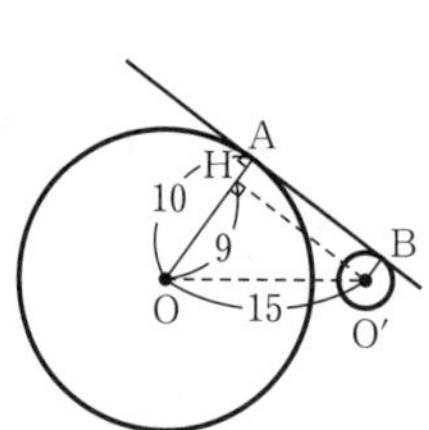

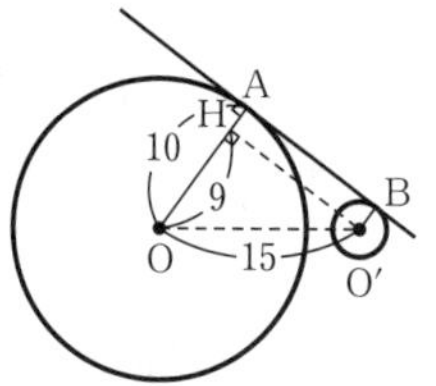

⬅$OA=OH+O'B$

⬅$OH^2+HO'^2=OO'^2$

158 PC＝PD＝x とすると

PA・PB＝PC・PD より

$1\cdot3=x^2$

$x^2=3$

$x>0$ より　$x=\mathbf{\sqrt{3}}$

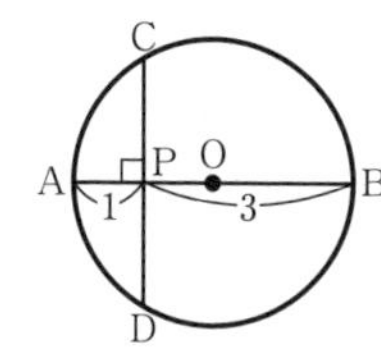

⬅AB は直径で，円の対称性より PC＝PD

159 (1) △CAO と △CBO′ は相似であるから

OC：O′C＝AO：BO′＝5：2

よって

$OC=\dfrac{5}{5+2}\times OO'$

$=\dfrac{5}{7}\times14=\mathbf{10}$

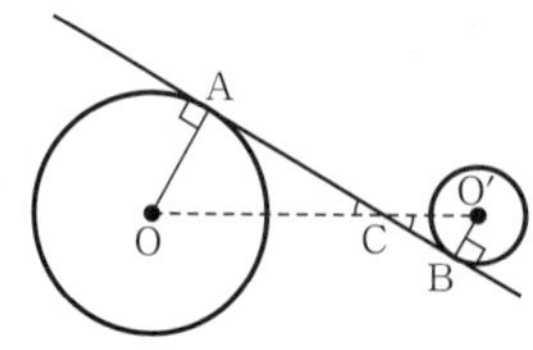

⬅△CAO∽△CBO′
(∠OAC＝∠O′BC,
∠ACO＝∠BCO′)

(2) △CAO は直角三角形なので

$AC=\sqrt{10^2-5^2}=\sqrt{75}=\mathbf{5\sqrt{3}}$

←$OA^2+AC^2=OC^2$

(3) AC：BC＝5：2 より

←△CAO と △CBO′ の相似比

$CB=\dfrac{2}{5}AC=\dfrac{2}{5}\times5\sqrt{3}=2\sqrt{3}$

よって　$AB=AC+CB=5\sqrt{3}+2\sqrt{3}=\mathbf{7\sqrt{3}}$

JUMP 26

考え方　まず，円 O において方べきの定理を用いる。

円 O において

$PC^2=PA\cdot PB=\sqrt{2}\times2\sqrt{2}=4$

$PC>0$ より　$PC=\mathbf{2}$

円 O′ において

$PD^2=PA\cdot PB=\sqrt{2}\times2\sqrt{2}=4$

$PD>0$ より　$PD=2$

よって　$CD=PC+PD=4$

点 O から線分 DO′ に垂線 OH をおろすと，四角形 COHD は長方形であるから

$OH=CD=4$

$HO'=DO'-DH=DO'-CO=5-1=4$

三平方の定理より　$OO'=\sqrt{OH^2+HO'^2}=\sqrt{4^2+4^2}=\sqrt{32}=\mathbf{4\sqrt{2}}$

まとめの問題　図形の性質(p.62)

1 (1)

(2)

(3)

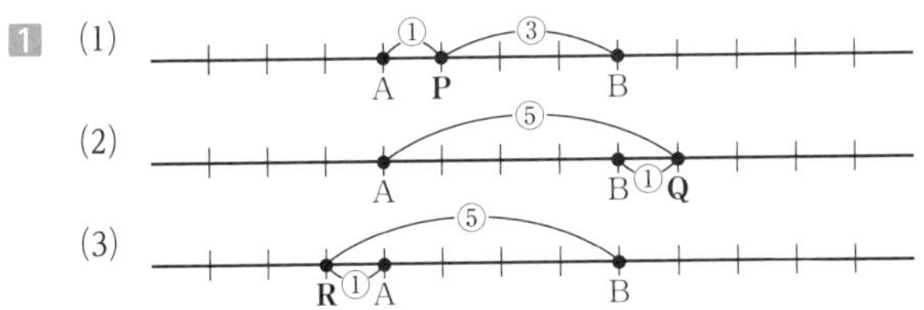

2 BD：DC＝AB：AC より　$(2+x):x=5:4$

よって　$4(2+x)=5x$

したがって　$x=\mathbf{8}$

外角の二等分線と線分の比

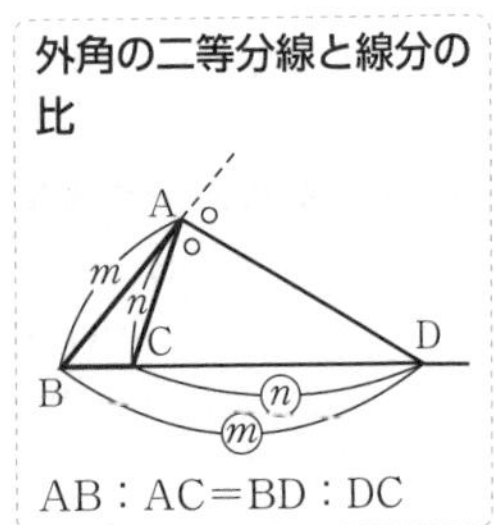

AB：AC＝BD：DC

3 △ABC は正三角形なので

$BM=\dfrac{1}{2}a$，$AM=\dfrac{\sqrt{3}}{2}a$，$BN=\dfrac{\sqrt{3}}{2}a$

点 G は △ABC の重心であるから

←重心は，それぞれの中線を 2：1 に内分する。

AG：GM＝2：1

よって　$GM=\dfrac{1}{2+1}AM=\dfrac{1}{3}\times\dfrac{\sqrt{3}}{2}a=\dfrac{\sqrt{3}}{6}a$

同様に　BG：GN＝2：1

よって　$BG=\dfrac{2}{2+1}BN=\dfrac{2}{3}\times\dfrac{\sqrt{3}}{2}a=\dfrac{\sqrt{3}}{3}a$

したがって，△GBM の周囲の長さは

$GB+BM+MG=\dfrac{\sqrt{3}}{3}a+\dfrac{1}{2}a+\dfrac{\sqrt{3}}{6}a=\mathbf{\dfrac{1}{2}a+\dfrac{\sqrt{3}}{2}a}$

←$\dfrac{1+\sqrt{3}}{2}a$ としてもよい。

4 点Oは△ABCの外心であるから

$\alpha=\angle OBC=\angle OCB$

$\beta=\angle OCA=\angle OAC$

$\gamma=\angle OAB=\angle OBA$

$\angle A=\beta+\gamma=50°$ ……①

$\angle B=\gamma+\alpha=60°$ ……②

$\angle C=\alpha+\beta=70°$ ……③

①+②+③より　$2\alpha+2\beta+2\gamma=180°$

ゆえに　$\alpha+\beta+\gamma=90°$ ……④

④−①より　$\alpha=\mathbf{40°}$

④−②より　$\beta=\mathbf{30°}$

④−③より　$\gamma=\mathbf{20°}$

別解　外接円Oの円周角∠Aに対する中心角が∠BOCなので，△BOCにおいて

$2\times50°+2\alpha=180°$

よって　$\alpha=\mathbf{40°}$

$\angle B=60°$ より　$\alpha+\gamma=60°$

よって　$\gamma=\mathbf{20°}$

同様に

$\angle C=70°$ より　$\alpha+\beta=70°$

よって　$\beta=\mathbf{30°}$

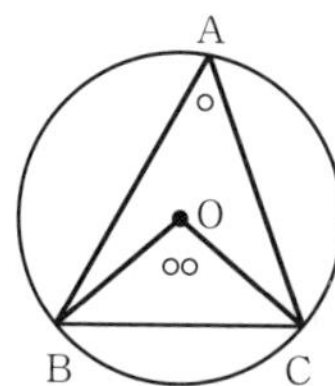

⬅Oは△ABCの外接円の中心。∠BOCは∠Aの2倍

⬅$\angle BOC+\angle OBC+\angle OCB=180°$

5 (1) △ABCと直線 l について，メネラウスの定理より，

$$\frac{CP}{PB}\cdot\frac{1}{4}\cdot\frac{2}{3}=1$$

ゆえに　$\dfrac{CP}{PB}=\dfrac{6}{1}$

よって　CP：PB＝6：1 より　PB：BC＝**1：5**

(2) チェバの定理より　$\dfrac{BP}{PC}\cdot\dfrac{2}{3}\cdot\dfrac{4}{5}=1$

ゆえに　$\dfrac{BP}{PC}=\dfrac{15}{8}$

よって　BP：PC＝**15：8**

メネラウスの定理

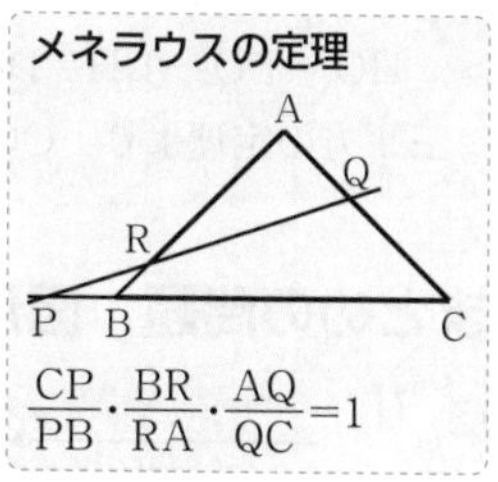

$$\frac{CP}{PB}\cdot\frac{BR}{RA}\cdot\frac{AQ}{QC}=1$$

チェバの定理

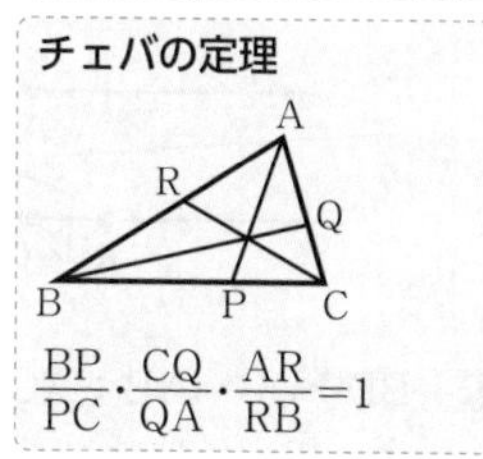

$$\frac{BP}{PC}\cdot\frac{CQ}{QA}\cdot\frac{AR}{RB}=1$$

6 (1) 接線の長さは等しいから

PA＝PB

よって，△PABは二等辺三角形であるから

$\angle PAB=\angle PBA$

ゆえに

$\angle PBA=(180°-40°)\div2=70°$

接線と弦のつくる角の性質より　$\angle PBA=\angle ACB$

したがって　$\theta=\mathbf{70°}$

(2) 円周角の定理より

$\angle CAD=\angle CBD=23°$

△EACにおいて

$\angle ACE=180°-110°-23°=47°$

接線と弦のつくる角の性質より

$\angle BAF=\angle ACB=47°$

よって　$\theta=\mathbf{47°}$

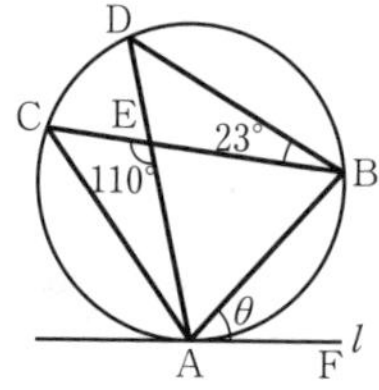

⬅弧CDに対する円周角は等しい。

(3) BC は円 O の直径だから $\angle CAB = 90°$
ゆえに $\angle PAB = 180° - 65° - 90° = 25°$
$\triangle BPA$ において $\angle ABC = \theta + 25°$
また，接線と弦のつくる角の性質より
$\angle ABC = \angle CAT = 65°$
よって $\theta + 25° = 65°$
したがって $\theta = \mathbf{40°}$

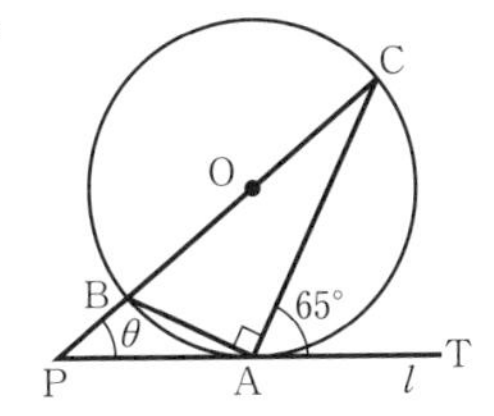

⬅弦 BC が直径のとき，弧 BC に対する円周角は 90°

⬅$\angle ABC$ は $\triangle BPA$ において，$\angle B$ の外角
$\angle ABC = \angle BPA + \angle PAB$

7 $\triangle AEP$ において
$\angle AED = \angle EAP + \angle EPA = 50° + 15° = \mathbf{65°}$
AP は接線であるから $\angle ABC = \angle CAP = 50°$
$\triangle DBP$ において
$\angle ADE = \angle DBP + \angle DPB = 50° + 15° = \mathbf{65°}$

8 $PT^2 = PA \cdot PB$ より $PT^2 = x(x+y)$
よって
$\mathbf{PT = \sqrt{x(x+y)}}$

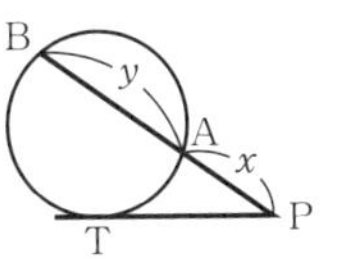

⬅PT は接線
方べきの定理より
$PA \cdot PB = PT^2$

9 四角形 BDEC が円に内接するから
$AB \cdot AD = AC \cdot AE$ より $6 \cdot (6+8) = 7 \cdot (7+x)$
これを解いて $x = \mathbf{5}$

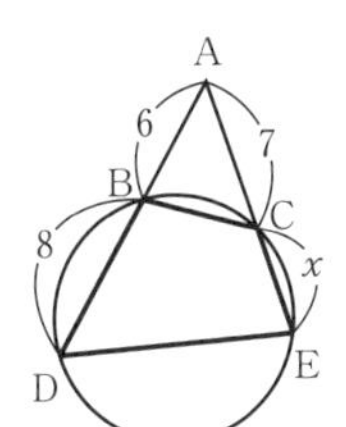

⬅方べきの定理より
$AB \cdot AD = AC \cdot AE$

27 作図 (p.64)

160 〈内分点〉

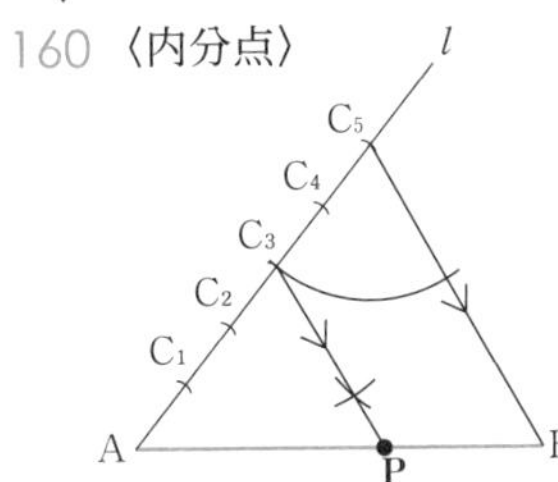

① 点 A を通る直線 l を引き，コンパスで等間隔に 5 個の点 C_1，C_2，C_3，C_4，C_5 をとる。
② 点 C_5 と点 B を結ぶ。この線分と平行に点 C_3 を通る直線を引き，AB との交点 P を求める。

⬅C_3 を通り直線 C_5B に平行な直線
$AC_3 : C_3C_5 = AP : PB$

〈外分点〉

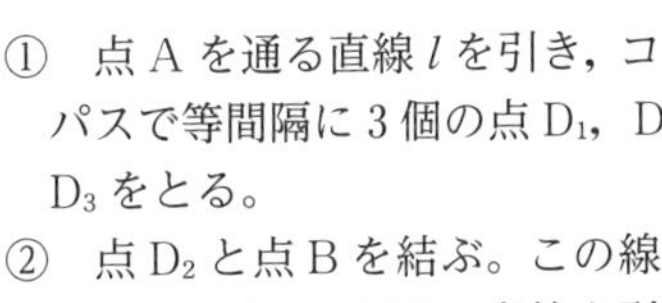
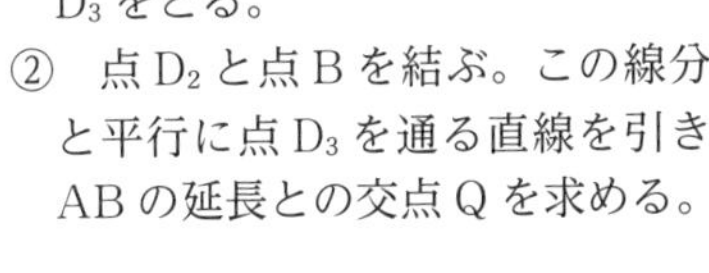

① 点 A を通る直線 l を引き，コンパスで等間隔に 3 個の点 D_1，D_2，D_3 をとる。
② 点 D_2 と点 B を結ぶ。この線分と平行に点 D_3 を通る直線を引き，AB の延長との交点 Q を求める。

⬅D_3 を通り直線 D_2B に平行な直線
$AD_3 : D_3D_2 = AQ : QB$

161 (1)

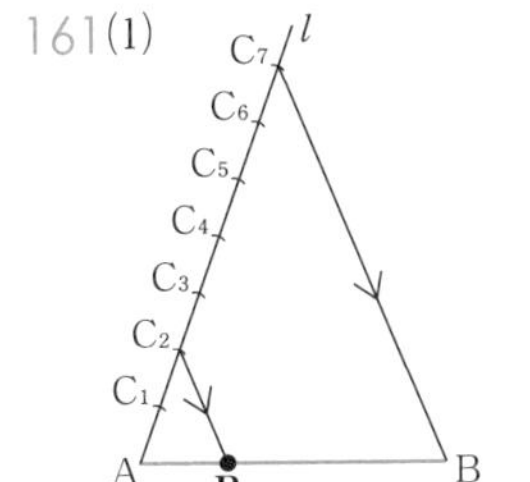

① 点 A を通る直線 l を引き，コンパスで等間隔に C_1，C_2，C_3，C_4，C_5，C_6，C_7 をとる。
② 点 C_7 と点 B を結ぶ。この線分と平行に点 C_2 を通る直線を引き，AB との交点 P を求める。

⬅C_2 を通り直線 C_7B と平行な直線
$AC_2 : C_2C_7 = AP : PB$

(2)

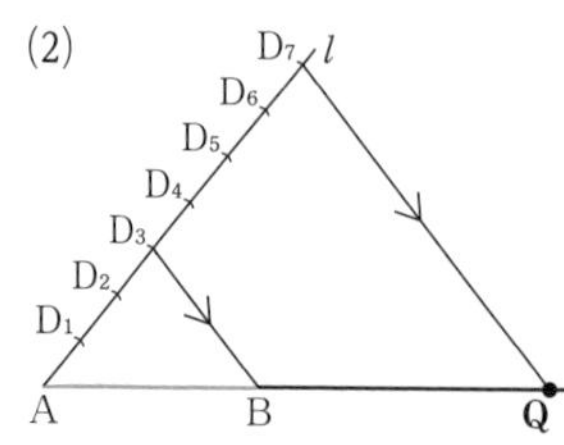

① 点Aを通る直線 l を引き，コンパスで等間隔に D_1，D_2，D_3，D_4，D_5，D_6，D_7 をとる。

② 点 D_3 と点Bを結ぶ。この線分と平行に点 D_7 を通る直線を引き，ABの延長との交点Qを求める。

⬅ D_7 を通り直線 D_3B に平行な直線
$AD_7：D_7D_3=AQ：QB$

162 [$\sqrt{10}$]

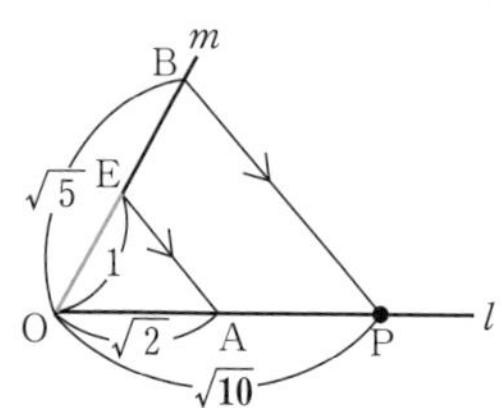

① 点Oを通る直線 l，m 上に $OA=\sqrt{2}$，$OB=\sqrt{5}$ となる点A，Bをとる。

② 直線 m 上に $OE=1$ となる点Eをとり，点Bを通り，直線EAと平行な直線と l との交点をPとすれば，$OP=\sqrt{2}\times\sqrt{5}=\sqrt{10}$ となる。

[$\dfrac{\sqrt{2}}{\sqrt{5}}$]

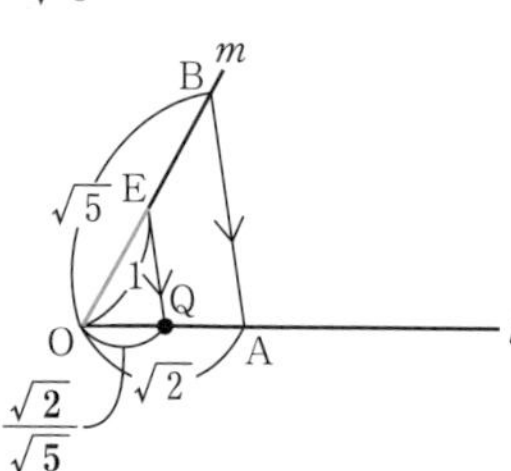

① 点Oを通る直線 l，m 上に $OA=\sqrt{2}$，$OB=\sqrt{5}$ となる点A，Bをとる。

② 直線 m 上に $OE=1$ となる点Eをとり，点Eを通り，直線BAと平行な直線と l との交点をQとすれば $OQ=\dfrac{\sqrt{2}}{\sqrt{5}}$ となる。

別解

$\dfrac{\sqrt{2}}{\sqrt{5}}=\dfrac{\sqrt{10}}{5}$ より

先に求めた線分OP（$=\sqrt{10}$）を1：4に内分する点をQとすれば

$OQ=\dfrac{1}{5}OP=\dfrac{\sqrt{2}}{\sqrt{5}}$

163

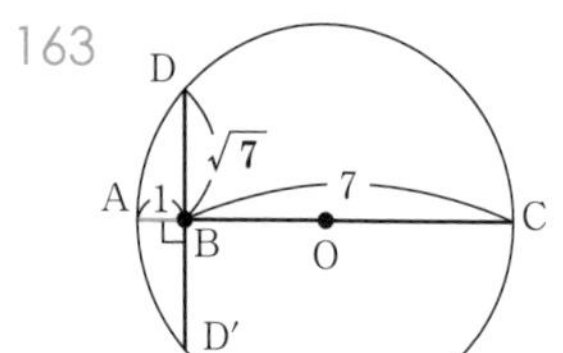

① 3点A，B，Cを $AB=1$，$BC=7$ となるように同一直線上にとる。

② ACの中点Oを求め，ACを直径とする円をかく。

③ 点Bを通りACに垂直な直線を引き，円との交点D，D′をとる。BDが求める長さ $\sqrt{7}$ の線分である。

⬅与えられた「1」をコンパスで直線上に移動させる。

⬅ACの中点は，ACの垂直二等分線で求められる。

⬅方べきの定理
$BA\cdot BC=BD\cdot BD'$

別解 三平方の定理を用いて，つぎつぎと三角形を描く方法もある。

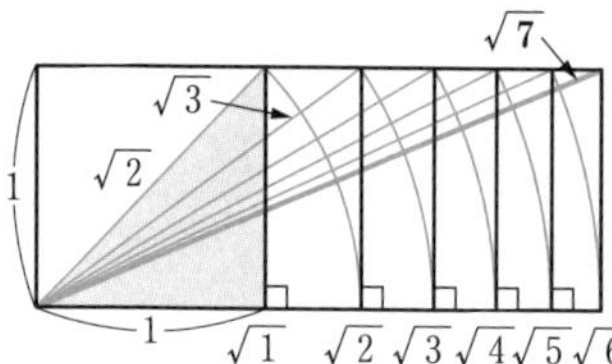

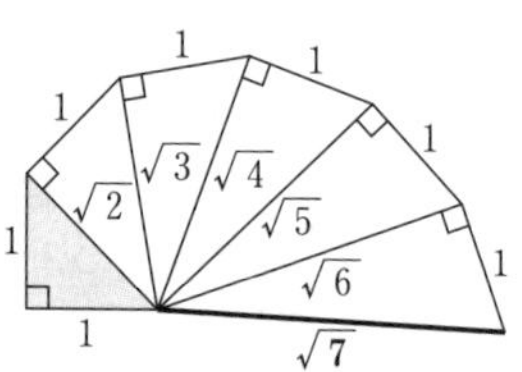

JUMP 27

$x^2-4x=9$ より $x(x-4)=3^2$

① 半径2の円Oをかく。

② 円Oの周上の点Tを通り，OTと垂直な直線を引く。

③ ②の直線上に $PT=3$ となる点Pをとる。

④ 直線POと円の交点をPに近い方からA，Bとすると，PBが求める線分である。

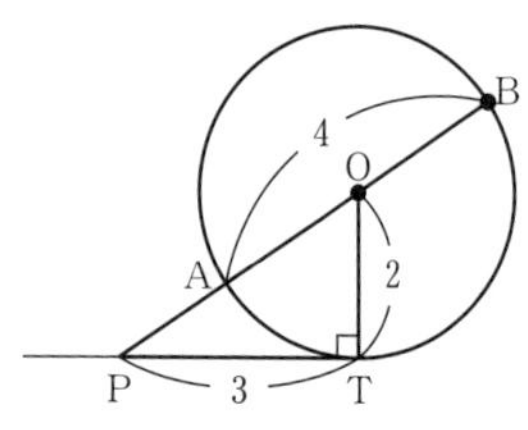

考え方 方べきの定理が利用できるように
$x^2-4x-9=0$
の変形を考える。

⬉方べきの定理より
$PA\cdot PB=PT^2$
$PB=x$ とすると
$(x-4)\cdot x=3^2$
よって
$x^2-4x-9=0$

28 空間における直線と平面 (p.66)

164 (1) ACとEHのなす角はACとADのなす角に等しく，CD=AB=$\sqrt{3}$，AD=1 より
ACとEHのなす角は **60°**

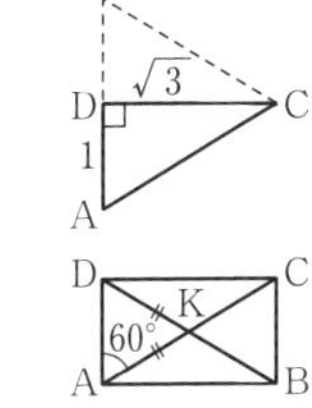

(2) ACとHFのなす角はACとDBのなす角に等しく，ACとDBの交点をKとすると，△AKDは正三角形となるので，
ACとHFのなす角は **60°**

(3) 平面ABGH上でAHとABは垂直に交わっているから，
AHとABのなす角は **90°**

←△ACDは正三角形の半分の直角三角形

←DK=AK，∠DAK=60° ゆえに，△AKDは正三角形。

←AB⊥AD，AB⊥AE より，ABは平面AEHD上のすべての直線と垂直である。

165 (1) (証明) △ACDは二等辺三角形なので，AMはCDと垂直に交わっている。ゆえに
AM⊥CD ……①
△BCDも二等辺三角形なので，BMはCDと垂直に交わっている。ゆえに
BM⊥CD ……②
①，②より，CDは平面ABM上の交わる2直線と垂直であるから 平面ABM⊥CD (終)

(2) (証明) (1)より，CDは平面ABM上のすべての直線と垂直なので
AB⊥CD (終)

←CDはMで交わるAM，BMに垂直

166 (1) (証明) BEとAFは正方形AEFBの対角線であるから，なす角は90°
よって BE⊥AF ……①
BF⊥FG，EF⊥FG より
平面AEFB⊥FG
なので，BE⊥FG ……②
①，②より，BEは平面AFG上の交わる2直線と垂直であるから BE⊥平面AFG (終)

(2) (証明) (1)より，BEは平面AFG上の直線と垂直なので
BE⊥AG (終)

167 右の図のような展開図を考えると，糸の長さが最小になるのはA，Hを直線で結んだときであるから

$$AH^2=2^2+\left(\frac{5}{2}+1+\frac{5}{2}\right)^2=40$$

よって AH=$\boldsymbol{2\sqrt{10}}$

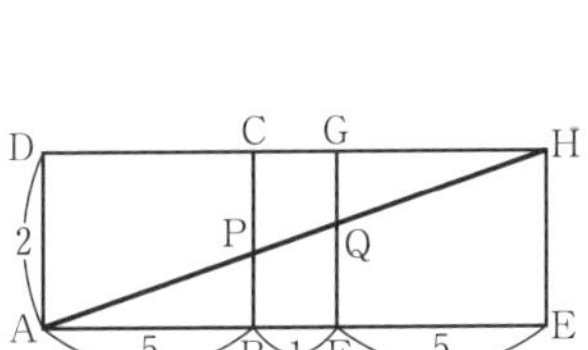

JUMP 28

点Aと点Bが直線lに関して反対側になるように，平面αを，直線lを軸として回転し，平面βに重ねる。このときの点AをA′とすると，線分A′Bと直線lの交点が，求める点Pの位置である。

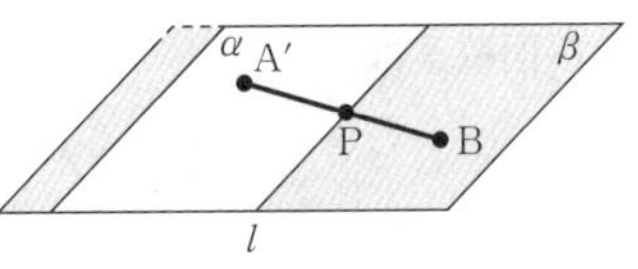

考え方 平面αとβのなす角が180°となるようにして考える。

2章 図形の性質

29 多面体(p.68)

168 頂点の数 v は 9，辺の数 e は 16，面の数 f は 9 である。
したがって　$v-e+f=9-16+9=\mathbf{2}$

169 (1) 各辺の中点が頂点となり，直方体の辺の数が 12 であるので，頂点の数は **12**

(2) 直方体の各頂点に 3 つの辺が対応し，直方体の頂点の数は 8 なので，辺の数は 8×3 となり **24**

(3) この立体は凸多面体であるので，オイラーの多面体定理より，頂点の数 v，辺の数 e，面の数 f について $v-e+f=2$ が成り立つ。
ここで $v=12$，$e=24$ より
$12-24+f=2$
よって　$f=14$
したがって，面の数は **14**

170 (上から順に)
半分，正三角形，8，4，正八面体

171 与えられた正八面体は，右の図のようになる。
この図において，中点連結定理より

$$PQ=\frac{a}{2}$$

ゆえに，正八面体の一辺の長さは $\frac{a}{2}$

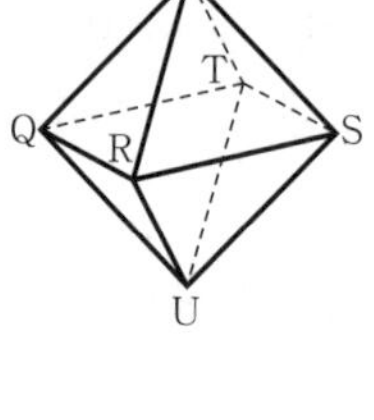

四角形 QRST は正方形だから

$$QS=\frac{\sqrt{2}}{2}a$$

したがって，QS の中点を M とすると
△PQS は二等辺三角形だから
PM⊥QS ……①

ゆえに　$PM=\sqrt{\left(\frac{a}{2}\right)^2-\left(\frac{\sqrt{2}}{4}a\right)^2}=\frac{\sqrt{2}}{4}a$

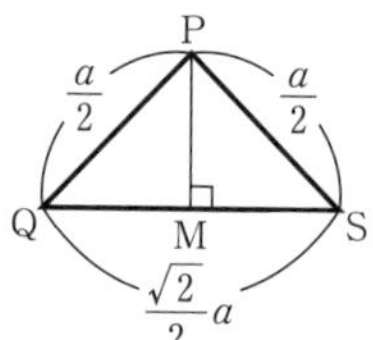

①と同様に　PM⊥RT
したがって，平面 QRST⊥PM
よって，正八面体の体積 V は

$$V=\frac{1}{3}\times\text{正方形 QRST}\times PM\times 2$$
$$=\frac{1}{3}\times\left(\frac{a}{2}\right)^2\times\frac{\sqrt{2}}{4}a\times 2$$
$$=\boldsymbol{\frac{\sqrt{2}}{24}a^3}$$

⬅問題 170 の正四面体の面（正三角形）と点 P，Q の関係は下図の通り。

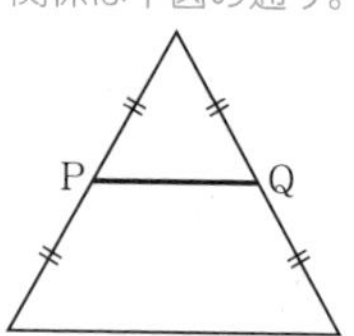

JUMP 29

右の図のような正三角形 ABC の面積 S は

$$S=\frac{1}{2}\cdot a\cdot\frac{\sqrt{3}}{2}a=\frac{\sqrt{3}}{4}a^2$$

また，次の図のように，△ABC を含む正四面体 ABCD において BC の中点を M，AD の中点を N とすると

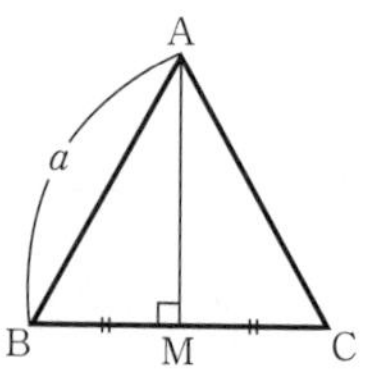

考え方　正四面体を内接球の中心を頂点とする 4 つの正三角錐に分けて考える。

△MAD は二等辺三角形で

$$\mathrm{MN}=\sqrt{\left(\frac{\sqrt{3}}{2}a\right)^2-\left(\frac{a}{2}\right)^2}=\frac{1}{\sqrt{2}}a$$

したがって，△MAD の面積 T は

$$T=\frac{1}{2}\cdot a\cdot\frac{1}{\sqrt{2}}a=\frac{\sqrt{2}}{4}a^2$$

MA⊥BC，MD⊥BC より
　平面 MAD⊥BC

よって，正四面体 ABCD の体積 V は

$$V=\frac{1}{3}\times\triangle\mathrm{MAD}\times\mathrm{BC}$$
$$=\frac{1}{3}\times\frac{\sqrt{2}}{4}a^2\times a=\frac{\sqrt{2}}{12}a^3$$

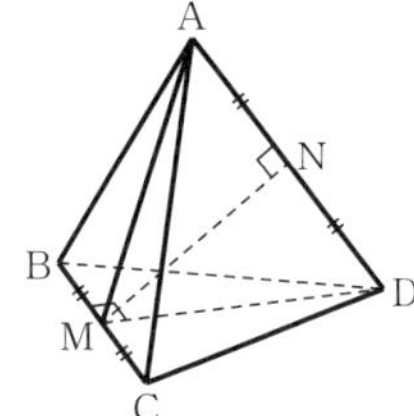

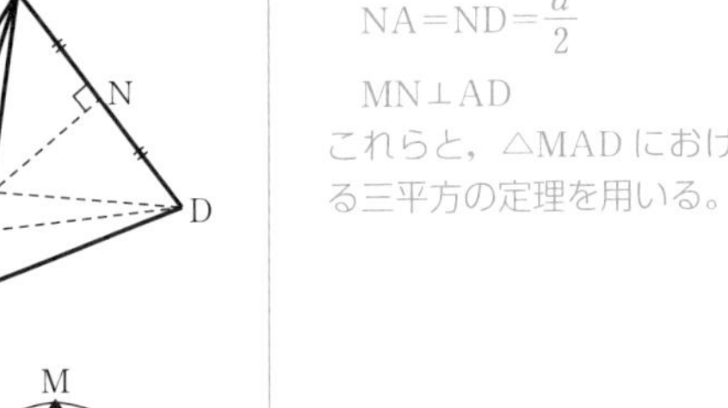

←△MAD において
$\mathrm{MA}=\mathrm{MD}=\frac{\sqrt{3}}{2}a$
$\mathrm{NA}=\mathrm{ND}=\frac{a}{2}$
MN⊥AD
これらと，△MAD における三平方の定理を用いる。

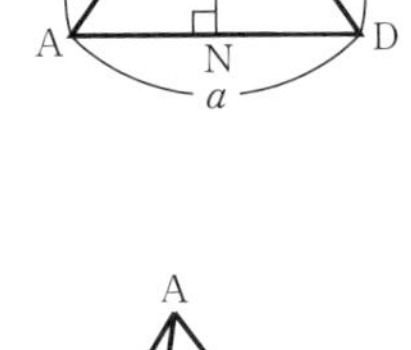

正四面体 ABCD に内接する球の中心を O，半径を r とすると，立体の対称性より，O と各頂点を結ぶと，正四面体 ABCD は 4 つの合同な正三角錐に分かれる。

$$V=\mathrm{OABC}+\mathrm{OBCD}+\mathrm{OCDA}+\mathrm{ODAB}$$
$$V=4\times\frac{1}{3}\times\triangle\mathrm{ABC}\times r$$
$$\frac{\sqrt{2}}{12}a^3=\frac{4}{3}\times\frac{\sqrt{3}}{4}a^2\times r$$

これを解くと　$r=\boldsymbol{\frac{\sqrt{6}}{12}a}$

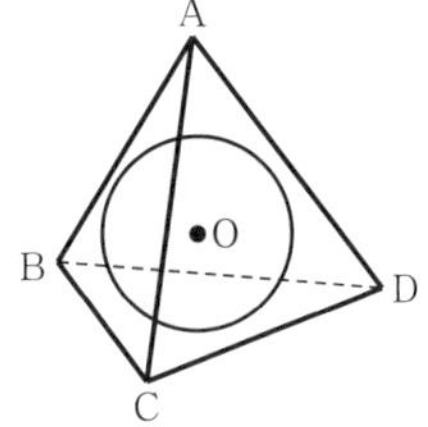

よって，体積は

$$\frac{4}{3}\pi r^3=\frac{4}{3}\pi\left(\frac{\sqrt{6}}{12}a\right)^3=\boldsymbol{\frac{\sqrt{6}}{216}\pi a^3}$$

▶第3章◀　数学と人間の活動

30 n 進法(p.70)

172 (1)　$1111_{(2)}=1\times2^3+1\times2^2+1\times2+1=8+4+2+1=\mathbf{15}$
　(2)　$2212_{(3)}=2\times3^3+2\times3^2+1\times3+2=54+18+3+2=\mathbf{77}$

173 (1)
```
2 ) 14
2 )  7  …0 ↑
2 )  3  …1 |
2 )  1  …1 |
     0  …1 |
```
よって　$\mathbf{1110_{(2)}}$

←商が 0 になるまで 2 で割る割り算を繰り返し，出てきた余りを下から順に並べればよい。

　(2)
```
5 ) 98
5 ) 19  …3 ↑
5 )  3  …4 |
     0  …3 |
```
よって　$\mathbf{343_{(5)}}$

←商が 0 になるまで 5 で割る割り算を繰り返し，出てきた余りを下から順に並べればよい。

174 (1)　$10101_{(2)}=1\times2^4+0\times2^3+1\times2^2+0\times2+1=16+0+4+0+1$
　　$=\mathbf{21}$
　(2)　$1223_{(5)}=1\times5^3+2\times5^2+2\times5+3=125+50+10+3=\mathbf{188}$

175 (1)

$$\begin{array}{r|l} 2 & 31 \\ 2 & 15 \cdots 1 \\ 2 & 7 \cdots 1 \\ 2 & 3 \cdots 1 \\ 2 & 1 \cdots 1 \\ & 0 \cdots 1 \end{array}$$

よって　$\mathbf{11111_{(2)}}$

←商が 0 になるまで 2 で割る割り算を繰り返し，出てきた余りを下から順に並べればよい。

(2)

$$\begin{array}{r|l} 3 & 100 \\ 3 & 33 \cdots 1 \\ 3 & 11 \cdots 0 \\ 3 & 3 \cdots 2 \\ 3 & 1 \cdots 0 \\ & 0 \cdots 1 \end{array}$$

よって　$\mathbf{10201_{(3)}}$

←商が 0 になるまで 3 で割る割り算を繰り返し，出てきた余りを下から順に並べればよい。

176 (1)

$$\begin{array}{r} 10110 \\ +\ 1101 \\ \hline 100011 \end{array}$$

よって　$10110_{(2)}+1101_{(2)}=\mathbf{100011_{(2)}}$

←$1+1=2=10_{(2)}$ に注意し，上の位に 1 を繰り上げる。

(2)

$$\begin{array}{r} 10101 \\ \times\ 101 \\ \hline 10101 \\ 10101\ \ \\ \hline 1101001 \end{array}$$

よって　$10101_{(2)}\times101_{(2)}=\mathbf{1101001_{(2)}}$

←掛けるとき，$1\times1=1$ であるから，上の位に 1 を繰り上げる必要はない。

←足すとき，$1+1=2=10_{(2)}$ に注意し，上の位に 1 を繰り上げる。

177 (1) $111111_{(2)}=1\times2^5+1\times2^4+1\times2^3+1\times2^2+1\times2+1$

$=32+16+8+4+2+1=\mathbf{63}$

(2) $2154_{(6)}=2\times6^3+1\times6^2+5\times6+4=432+36+30+4=\mathbf{502}$

178 (1)

$$\begin{array}{r|l} 2 & 55 \\ 2 & 27 \cdots 1 \\ 2 & 13 \cdots 1 \\ 2 & 6 \cdots 1 \\ 2 & 3 \cdots 0 \\ 2 & 1 \cdots 1 \\ & 0 \cdots 1 \end{array}$$

よって　$\mathbf{110111_{(2)}}$

←商が 0 になるまで 2 で割る割り算を繰り返し，出てきた余りを下から順に並べればよい。

(2)

$$\begin{array}{r|l} 6 & 442 \\ 6 & 73 \cdots 4 \\ 6 & 12 \cdots 1 \\ 6 & 2 \cdots 0 \\ & 0 \cdots 2 \end{array}$$

よって　$\mathbf{2014_{(6)}}$

←商が 0 になるまで 6 で割る割り算を繰り返し，出てきた余りを下から順に並べればよい。

179 (1)

$$\begin{array}{r} 100110 \\ -\ 11001 \\ \hline 1101 \end{array}$$

よって　$100110_{(2)}-11001_{(2)}=\mathbf{1101_{(2)}}$

←引き算では
$10_{(2)}-1_{(2)}=1_{(2)}$（繰り下げ）に注意

(2)
$$\begin{array}{r} 11101 \\ \times \quad 111 \\ \hline 11101 \\ 11101 \\ 11101 \\ \hline 11001011 \end{array}$$

よって　$11101_{(2)}\times111_{(2)}=\mathbf{11001011_{(2)}}$

←掛けるとき，$1\times1=1$ であるから，上の位に1を繰り上げる必要はない。

←足すとき，$1+1=2=10_{(2)}$ に注意し，上の位に1を繰り上げる。
また　$1+1+1=3=11_{(2)}$
　　$1+1+1+1=4=100_{(2)}$

JUMP 30

N が5進法で $ab_{(5)}$ と表されるとすると，7進法では $ba_{(7)}$ と表される。
$N=ab_{(5)}$ において　$1\leqq a\leqq4$，$0\leqq b\leqq4$
$N=ba_{(7)}$ において　$1\leqq b\leqq6$，$0\leqq a\leqq6$
よって　$1\leqq a\leqq4$，$1\leqq b\leqq4$ ……①
$ab_{(5)}$，$ba_{(7)}$ をそれぞれ10進法で表すと
　$ab_{(5)}=a\times5+b=5a+b$，$ba_{(7)}=b\times7+a=7b+a$
よって　$N=5a+b=7b+a$
ゆえに　$4a=6b$　　すなわち　$2a=3b$
これと①を満たす整数 a，b は　$a=3$，$b=2$
したがって　　$N=5\times3+2=\mathbf{17}$

考え方　5進法，7進法で表した N を10進法に直して考える。

←n 進法の各位の数は，最高位は1以上 $n-1$ 以下，それ以外の位は0以上 $n-1$ 以下。

31 約数と倍数（p.72）

180 (1)　**±1，±2，±3，±4，±5，±6，±10，±12，±15，±20，±30，±60**
　(2)　**8，16，24，32，40，48**

←±1, ±2, ±3, …, ±20, ±30, ±60

181 各位の数の和はそれぞれ　$1+5+3=9$
$2+0+1=3$
$2+6+5=13$
$5+1+6=12$
$2+9+1+4=16$
このうち，3の倍数であるものは　9，3，12
よって，3の倍数は　**153，201，516**

182 (1)　**±1，±2，±4，±8，±16，±32，±64**
　(2)　**12，24，36，48，60，72，84，96**

←±1, ±2, ±4, ±8, ±16, ±32, ±64

183 （証明）　整数 a，b は5の倍数であるから，整数 k，l を用いて
　$a=5k$，$b=5l$ と表される。
ゆえに　$2a+3b=10k+15l=5(2k+3l)$
ここで，k，l は整数であるから，$2k+3l$ は整数である。
よって，$5(2k+3l)$ は5の倍数である。
したがって，$2a+3b$ は5の倍数である。（終）

←整数 a の倍数は整数 k を用いて ak と表される。

184 各位の数の和はそれぞれ　$2+1+3=6$
$3+4+3=10$
$5+3+1=9$
$3+4+5+6=18$
このうち，9の倍数であるものは　9，18
よって，9の倍数は　　**531，3456**

3章 数学と人間の活動

185 (証明) 整数 a, b は3の倍数であるから，整数 k, l を用いて
$a=3k$, $b=3l$ と表される。
ゆえに $a^2+4ab=9k^2+36kl=9(k^2+4kl)$
ここで，k, l は整数であるから，k^2+4kl は整数である。
よって，$9(k^2+4kl)$ は9の倍数である。
したがって，a^2+4ab は9の倍数である。(終)

186 6の倍数は，2の倍数であり，3の倍数でもある。
2の倍数は，一の位の数が偶数であるものだから，
2の倍数は 138，282，346
これらの各位の数の和はそれぞれ $1+3+8=12$
$2+8+2=12$
$3+4+6=13$
このうち，3の倍数であるものは12
よって，3の倍数は 138，282
したがって，6の倍数は **138，282**

倍数の判定法
2の倍数：1の位の数が0，2，4，6，8
3の倍数：各位の数の和が3の倍数
6の倍数：2の倍数であり，3の倍数でもある

187 □に入る数を a $(0 \leqq a \leqq 9)$ とする。
64□が3の倍数になるのは，各位の数の和が3の倍数になるときである。
各位の数の和は $6+4+a=a+10$
これが3の倍数になるのは $a=2$, 5, 8
642，645，648のうち，4の倍数であるものは，下2桁が4の倍数であるものであるから 648
よって，□に入る数は **8**

JUMP 31
(証明) $N=1000a+100b+10c+d$
$=(1001-1)a+(99+1)b+(11-1)c+d$
$=(1001a+99b+11c)-(a-b+c-d)$
$=11(91a+9b+c)-(a-b+c-d)$
ここで，$a-b+c-d$ が11の倍数であるから，整数 k を用いて
$a-b+c-d=11k$ と表せる。
したがって
$N=11(91a+9b+c)-11k$
$=11(91a+9b+c-k)$
ここで，$91a+9b+c-k$ は整数であるから，N は11の倍数である。
(終)

考え方 1000，100，10に1だけ足したり引いたりした数の中に，11の倍数があることを用いる。
1000 → $1001=11\times91$
100 → $99=11\times9$
10 → $11=11\times1$

32 素因数分解と最大公約数・最小公倍数 (p.74)

188 $\sqrt{120n}$ が自然数になるのは，$120n$ がある自然数の2乗になるときである。このとき，$120n$ を素因数分解すると，各素因数の指数がすべて偶数になる。
120を素因数分解すると $120=2^3\times3\times5$
よって，求める最小の自然数 n は $n=2\times3\times5=$ **30**

189 315 と675 を素因数分解すると

$315=3^2\times5\times7$

$675=3^3\times5^2$

よって，最大公約数は　$3^2\times5=$**45**

最小公倍数は　$3^3\times5^2\times7=$**4725**

← 3) 315 675
3) 105 225
5) 35 75
7 15
より　$3\times3\times5=45$
$3\times3\times5\times7\times15=4725$
としてもよい。

190 (1) 1755 と 2025 を素因数分解すると

$1755=3^3\times5\times13$

$2025=3^4\times5^2$

よって，最大公約数は　$3^3\times5=$**135**

← 3) 1755 2025
3) 585 675
3) 195 225
5) 65 75
13 15
より　$3\times3\times3\times5=135$
としてもよい。

(2) 117 と 1404 を素因数分解すると

$117=3^2\times13$

$1404=2^2\times3^3\times13$

よって，最大公約数は　$3^2\times13=$**117**

← 3) 117 1404
3) 39 468
13) 13 156
1 12
より　$3\times3\times13=117$
としてもよい。

191 (1) 126 と 189 を素因数分解すると

$126=2\times3^2\times7$

$189=3^3\times7$

よって，最小公倍数は　$2\times3^3\times7=$**378**

← 3) 126 189
3) 42 63
7) 14 21
2 3
より $3\times3\times7\times2\times3=378$
としてもよい。

(2) 1425 と 2750 を素因数分解すると

$1425=3\times5^2\times19$

$2750=2\times5^3\times11$

よって，最小公倍数は　$2\times3\times5^3\times11\times19=$**156750**

← 5) 1425 2750
5) 285 550
57 110
より
$5\times5\times57\times110=156750$
としてもよい。

192 $\sqrt{\dfrac{252}{n}}$ が自然数になるのは，$\dfrac{252}{n}$ がある自然数の 2 乗になるときである。このとき，次の 2 つの場合がある。

(i) $\dfrac{252}{n}=1$ となる

(ii) $\dfrac{252}{n}$ を素因数分解すると，各素因数の指数がすべて偶数になる

(i)のとき　$n=252$

(ii)のとき，252 を素因数分解すると　$252=2^2\times3^2\times7$　であるから

$n=7$，28，63

← 7，7×2^2，7×3^2

よって，求める自然数 n は　$n=$**7，28，63，252**

193 42，77，105 を素因数分解すると

$42=2\times3\times7$

$77=7\times11$

$105=3\times5\times7$

よって，最大公約数は **7**

← 7) 42 77 105
6 11 15
より 7 としてもよい。

194 10，12，15 を素因数分解すると

$10=2\times5$

$12=2^2\times3$

$15=3\times5$

よって，最小公倍数は $2^2\times3\times5=$**60**

← 2) 10 12 15
3) 5 6 15
5) 5 2 5
1 2 1
より
$2\times3\times5\times1\times2\times1=60$
としてもよい。

195 正方形のタイルを縦に a 枚，横に b 枚並べて，長方形の床に敷き詰めるとすると

$360=ax$，$528=bx$

よって，x の最大値は 360 と 528 の最大公約数である。

$360=2^3\times3^2\times5$，$528=2^4\times3\times11$

より，最大公約数は　$2^3\times3=24$

よって，x の最大値は **24**

このとき，$a\times24=360$，$b\times24=528$ より　$a=15$，$b=22$

したがって，タイルの必要数は　$ab=15\times22=$**330（枚）**

JUMP 32

子どもに配った個数は，

なしが $350-20=330$，みかんが $290-15=275$

子どもの人数を x 人，1 人あたりのなしの個数を a 個，みかんの個数を b 個とすると　$330=ax$，$275=bx$

よって，x は 330 と 275 の公約数である。

また，なしが 20 個余ったことから，x は 20 より大きい。

$330=2\times3\times5\times11$，$275=5^2\times11$ より，20 より大きい公約数は

$5\times11=55$

したがって，求める子どもの人数は　**55 人**

考え方　子どもに配った数の約数を考える。

←なしは 20 個，みかんは 15 個余った。子どもが 20 人以下だとすると，なしがもう 1 つずつ配れたことになってしまう。

33 互いに素，整数の割り算と商および余り (p.76)

196 ①　9 と 17 を素因数分解すると

$9=3^2$，$17=17$

より，9 と 17 は 1 以外の正の公約数をもたない。

よって，9 と 17 は互いに素である。

②　45 と 56 を素因数分解すると

$45=3^2\times5$，$56=2^3\times7$

より，45 と 56 は 1 以外の正の公約数をもたない。

よって，45 と 56 は互いに素である。

③　520 と 819 を素因数分解すると

$520=2^3\times5\times13$，$819=3^2\times7\times13$

より，1 以外の正の公約数 13 をもつ。

よって，520 と 819 は互いに素でない。

以上より，互いに素であるのは　**①と②**

互いに素
2 つの整数 a，b が 1 以外の正の公約数をもたないとき，すなわち，a，b の最大公約数が 1 であるとき，a と b は互いに素であるという。

197 (1)　**63＝6×10＋3**

$$\begin{array}{r} 10 \\ 6\,\overline{)\,63} \\ \underline{60} \\ 3 \end{array}$$

(2)　**80＝13×6＋2**

$$\begin{array}{r} 6 \\ 13\,\overline{)\,80} \\ \underline{78} \\ 2 \end{array}$$

198 ①　24 と 57 を素因数分解すると

$24=2^3\times3$，$57=3\times19$

より，1 以外の正の公約数 3 をもつ。

よって，24 と 57 は互いに素でない。

② 42 と 85 を素因数分解すると

$42=2\times3\times7$，$85=5\times17$

より，1 以外の正の公約数をもたない。

よって，42 と 85 は互いに素である。

③ 220 と 273 を素因数分解すると

$220=2^2\times5\times11$，$273=3\times7\times13$

より，1 以外の正の公約数をもたない。

よって，220 と 273 は互いに素である。

以上より，互いに素であるのは　**②と③**

199 (1) $\mathbf{97=7\times13+6}$

$$\begin{array}{r} 13 \\ 7\,\overline{)\,97} \\ \underline{7} \\ 27 \\ \underline{21} \\ 6 \end{array}$$

(2) $\mathbf{125=16\times7+13}$

$$\begin{array}{r} 7 \\ 16\,\overline{)\,125} \\ \underline{112} \\ 13 \end{array}$$

(3) $\mathbf{230=11\times20+10}$

$$\begin{array}{r} 20 \\ 11\,\overline{)\,230} \\ \underline{22} \\ 10 \end{array}$$

200 (証明)　n を奇数とすると，整数 k を用いて

$n=2k+1$

と表される。

$(2k+1)^2=4k^2+4k+1$

$=2(2k^2+2k)+1$

$2k^2+2k$ は整数だから，$(2k+1)^2$ は奇数である。(終)

201 (1) 整数 a，b は，整数 k，l を用いて，

$a=5k+2$，$b=5l+1$

と表される。

$a+b=(5k+2)+(5l+1)=5(k+l)+3$

$k+l$ は整数だから，$a+b$ を 5 で割ったときの余りは **3**

(2) $ab=(5k+2)(5l+1)=25kl+5k+10l+2$

$=5(5kl+k+2l)+2$

$5kl+k+2l$ は整数だから，ab を 5 で割ったときの余りは **2**

202 (証明)　整数 n は，整数 k を用いて，

$n=4k+1$，$n=4k+3$

と表される。

(i) $n=4k+1$ のとき

$n^2=(4k+1)^2=16k^2+8k+1=4(4k^2+2k)+1$

(ii) $n=4k+3$ のとき

$n^2=(4k+3)^2=16k^2+24k+9=4(4k^2+6k+2)+1$

$4k^2+2k$，$4k^2+6k+2$ は整数だから，いずれの場合も，n^2 を 4 で割ったときの余りは，1 である。(終)

別解　4で割ったときの余りが1または3となる整数 n は奇数であるから，整数 k を用いて，

$n=2k+1$

と表せる。

$n^2=(2k+1)^2=4k^2+4k+1=4(k^2+k)+1$

k^2+k は整数だから n^2 を4で割ったときの余りは，1である。（終）

JUMP 33

考え方　5で割ったときの余りで分類する。

（証明）　整数 n は，整数 k を用いて

$n=5k,\ 5k+1,\ 5k+2,\ 5k+3,\ 5k+4$

と表される。

←5で割ったときの余りは0，1，2，3，4のいずれか

(i)　$n=5k$ のとき

$$n^2+3n-1=(5k)^2+3\times5k-1=25k^2+15k-1=5(5k^2+3k)-1$$

(ii)　$n=5k+1$ のとき

$$n^2+3n-1=(5k+1)^2+3(5k+1)-1=25k^2+25k+3=5(5k^2+5k)+3$$

(iii)　$n=5k+2$ のとき

$$n^2+3n-1=(5k+2)^2+3(5k+2)-1=25k^2+35k+9=5(5k^2+7k+1)+4$$

(iv)　$n=5k+3$ のとき

$$n^2+3n-1=(5k+3)^2+3(5k+3)-1=25k^2+45k+17=5(5k^2+9k+3)+2$$

(v)　$n=5k+4$ のとき

$$n^2+3n-1=(5k+4)^2+3(5k+4)-1=25k^2+55k+27=5(5k^2+11k+5)+2$$

$5k^2+3k,\ 5k^2+5k,\ 5k^2+7k+1,\ 5k^2+9k+3,\ 5k^2+11k+5$ は整数だから，いずれの場合も，n^2+3n-1 は5の倍数でない。（終）

34 ユークリッドの互除法（p.78）

203 (1)　$195=78\times2+39$

$78=39\times2$

よって，求める最大公約数は **39**

$$39\overline{)78}\ 2,\ 78,\ 0 \qquad \overline{)195}\ 2,\ 156,\ 39$$

(2)　$370=222\times1+148$

$222=148\times1+74$

$148=74\times2$

よって，求める最大公約数は **74**

$$74\overline{)148}\ 2,\ 148,\ 0 \qquad \overline{)222}\ 1,\ 148,\ 74 \qquad \overline{)370}\ 1,\ 222,\ 148$$

互除法の考え方

$a>b$ である2つの正の整数 a，b において，a を b で割った商が q，余りが r であるとき

$a=bq+r$

と表せ，a と b の最大公約数は b と r の最大公約数に等しい。

204 (1) $114=78\times1+36$

$78=36\times2+6$

$36=6\times6$

よって，求める最大公約数は **6**

$$\begin{array}{rrr} 6 & 2 & 1 \\ 6\,\overline{)\,36} & \overline{)\,78} & \overline{)\,114} \\ 36 & 72 & 78 \\ \hline 0 & 6 & 36 \end{array}$$

(2) $826=649\times1+177$

$649=177\times3+118$

$177=118\times1+59$

$118=59\times2$

よって，求める最大公約数は **59**

$$\begin{array}{rrrr} 2 & 1 & 3 & 1 \\ 59\,\overline{)\,118} & \overline{)\,177} & \overline{)\,649} & \overline{)\,826} \\ 118 & 118 & 531 & 649 \\ \hline 0 & 59 & 118 & 177 \end{array}$$

(3) $1207=994\times1+213$

$994=213\times4+142$

$213=142\times1+71$

$142=71\times2$

よって，求める最大公約数は **71**

$$\begin{array}{rrrr} 2 & 1 & 4 & 1 \\ 71\,\overline{)\,142} & \overline{)\,213} & \overline{)\,994} & \overline{)\,1207} \\ 142 & 142 & 852 & 994 \\ \hline 0 & 71 & 142 & 213 \end{array}$$

(4) $2233=1729\times1+504$

$1729=504\times3+217$

$504=217\times2+70$

$217=70\times3+7$

$70=7\times10$

よって，求める最大公約数は **7**

$$\begin{array}{rrrrr} 10 & 3 & 2 & 3 & 1 \\ 7\,\overline{)\,70} & \overline{)\,217} & \overline{)\,504} & \overline{)\,1729} & \overline{)\,2233} \\ 70 & 210 & 434 & 1512 & 1729 \\ \hline 0 & 7 & 70 & 217 & 504 \end{array}$$

205 $3007=1843\times1+1164$

$1843=1164\times1+679$

$1164=679\times1+485$

$679=485\times1+194$

$485=194\times2+97$

$194=97\times2$

よって，求める最大公約数は **97**

$$\begin{array}{rrrrrr} 2 & 2 & 1 & 1 & 1 & 1 \\ 97\,\overline{)\,194} & \overline{)\,485} & \overline{)\,679} & \overline{)\,1164} & \overline{)\,1843} & \overline{)\,3007} \\ 194 & 388 & 485 & 679 & 1164 & 1843 \\ \hline 0 & 97 & 194 & 485 & 679 & 1164 \end{array}$$

206 (1) $1258=1003\times1+255$

$1003=255\times3+238$

$255=238\times1+17$

$238=17\times14$

よって，求める最大公約数は **17**

$$\begin{array}{r} 14 \\ 17\overline{)238} \\ 17 \\ \hline 68 \\ 68 \\ \hline 0 \end{array} \quad \begin{array}{r} 1 \\ \overline{)255} \\ 238 \\ \hline 17 \end{array} \quad \begin{array}{r} 3 \\ \overline{)1003} \\ 765 \\ \hline 238 \end{array} \quad \begin{array}{r} 1 \\ \overline{)1258} \\ 1003 \\ \hline 255 \end{array}$$

(2) $1292=1258\times1+34$

$1258=34\times37$

よって，求める最大公約数は **34**

$$\begin{array}{r} 37 \\ 34\overline{)1258} \\ 102 \\ \hline 238 \\ 238 \\ \hline 0 \end{array} \quad \begin{array}{r} 1 \\ \overline{)1292} \\ 1258 \\ \hline 34 \end{array}$$

(3) $34=17\times2$ であるから

求める最大公約数は **17**

⬅$1003=17\times59$
$1258=17\times2\times37$
$1292=17\times2\times38$

JUMP 34

最初の長方形を 1 辺が 448 cm の正方形で切り取ると

$448\times2=896$，$1204-896=308$ ……①

より，縦と横が 448 cm，308 cm の長方形が残る。①より

$1204=448\times2+308$

であるので，1204 を 448 で割った余りが 308 である。

以下，この作業を繰り返すとき，ユークリッドの互除法と同様の計算で，残る長方形の 1 辺の長さが求められる。

$1204=448\times2+308$

$448=308\times1+140$

$308=140\times2+28$

$140=28\times5$

よって，最も小さい正方形の 1 辺の長さは　**28 cm**

考え方　448 と 1204 にユークリッドの互除法の考え方を適用する。

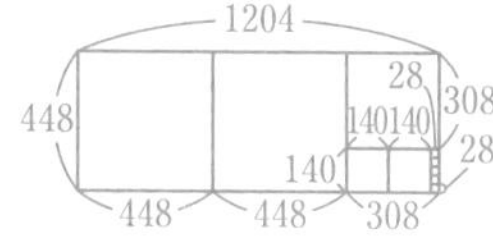

35 不定方程式の整数解 (p.80)

207 (1) $2x-3y=0$　より　$2x=3y$ ……①

$3y$ は 3 の倍数であるから，①より $2x$ も 3 の倍数である。

2 と 3 は互いに素であるから，x は 3 の倍数であり，整数 k を用いて $x=3k$ と表される。

ここで，$x=3k$ を①に代入すると　$2\times3k=3y$ より　$y=2k$

よって，$2x-3y=0$ のすべての整数解は

$x=3k$，$y=2k$（ただし，k は整数）

(2) $3x-2y=1$ ……①

①の整数解を 1 つ求めると

$x=1$，$y=1$

これを①に代入すると　$3\times1-2\times1=1$ ……②

①−②より　$3(x-1)-2(y-1)=0$

すなわち　$3(x-1)=2(y-1)$ ……③

3 と 2 は互いに素であるから，$x-1$ は 2 の倍数であり，整数 k を用いて $x-1=2k$ と表される。

ここで，$x-1=2k$ を③に代入すると

$3\times2k=2(y-1)$ より　$y-1=3k$

よって，①のすべての整数解は

$x=2k+1$，$y=3k+1$（ただし，k は整数）

⬅①−②の計算

$$\begin{array}{rl} & 3\times x-2\times y=1 \\ -) & 3\times1-2\times1\ =1 \\ \hline & 3(x-1)-2(y-1)=0 \end{array}$$

208 (1) $x-4y=0$ より $x=4y$
整数 k を用いて $y=k$ と表すと，$x=4k$
よって，$x-4y=0$ のすべての整数解は
$x=4k$，$y=k$（ただし，k は整数）

(2) $3x+7y=0$ より $3x=7(-y)$ ……①
$7(-y)$ は 7 の倍数であるから，①より $3x$ も 7 の倍数である。
3 と 7 は互いに素であるから x は 7 の倍数であり，整数 k を用いて，$x=7k$ と表される。
ここで，$x=7k$ を①に代入すると
$3\times7k=7(-y)$ より $y=-3k$
よって，$3x+7y=0$ のすべての整数解は
$x=7k$，$y=-3k$（ただし，k は整数）

←約数，最大公約数，互いに素などの考え方は，負の整数についても同様に定められる。

(3) $-3x+2y=1$ ……①
①の整数解を 1 つ求めると
$x=-1$，$y=-1$
これを①に代入すると $-3\times(-1)+2\times(-1)=1$ ……②
①−②より $-3\{x-(-1)\}+2\{y-(-1)\}=0$
すなわち $3(x+1)=2(y+1)$ ……③
3 と 2 は互いに素であるから，$x+1$ は 2 の倍数であり，整数 k を用いて $x+1=2k$ と表される。
ここで，$x+1=2k$ を③に代入すると
$3\times2k=2(y+1)$ より $y+1=3k$
よって，①のすべての整数解は
$x=2k-1$，$y=3k-1$（ただし，k は整数）

←①−②の計算
$$\begin{array}{r} -3\times x \quad +2\times y \quad\ =1 \\ -)\ -3\times(-1)+2\times(-1)=1 \\ \hline -3\{x-(-1)\}+2\{y-(-1)\}=0 \end{array}$$

(4) $5x+7y=1$ ……①
①の整数解を 1 つ求めると
$x=3$，$y=-2$
これを①に代入すると $5\times3+7\times(-2)=1$ ……②
①−②より $5(x-3)+7\{y-(-2)\}=0$
すなわち $5(x-3)=7(-y-2)$ ……③
5 と 7 は互いに素であるから，$x-3$ は 7 の倍数であり，整数 k を用いて $x-3=7k$ と表される。
ここで，$x-3=7k$ を③に代入すると
$5\times7k=7(-y-2)$ より $-y-2=5k$
よって，①のすべての整数解は
$x=7k+3$，$y=-5k-2$（ただし，k は整数）

←①−②の計算
$$\begin{array}{r} 5\times x+7\times y \quad =1 \\ -)\ 5\times3+7\times(-2)=1 \\ \hline 5(x-3)+7\{y-(-2)\}=0 \end{array}$$

209 $2x-3y=4$ ……①
方程式①の整数解を 1 つ求めると
$x=2$，$y=0$
これを①に代入すると $2\times2-3\times0=4$ ……②
①−②より $2(x-2)-3(y-0)=0$
すなわち $2(x-2)=3y$ ……③
2 と 3 は互いに素であるから，$x-2$ は 3 の倍数であり，整数 k を用いて $x-2=3k$ と表される。
ここで，$x-2=3k$ を③に代入すると
$2\times3k=3y$ より $y=2k$
よって，①のすべての整数解は
$x=3k+2$，$y=2k$（ただし，k は整数）

←右辺が 1 でなくても同じ方法が使える。
←$x=5$，$y=2$ などでもよい。

210 $19x+27y=1$ ……①

(1) （証明） $19\times10+27\times(-7)=190-189=1$ ……②

より，$x=10$，$y=-7$ は①の解である。（終）

(2) ①−②より $19(x-10)+27\{y-(-7)\}=0$

$19(x-10)=27(-y-7)$ ……③

19 と 27 は互いに素だから，$x-10$ は 27 の倍数で，整数 k を用いて $x-10=27k$ と表せる。

ここで，$x-10=27k$ を③に代入すると

$19\times27k=27(-y-7)$ より $-y-7=19k$

よって，①のすべての整数解は

$x=27k+10$，$y=-19k-7$（ただし，k は整数）

⬅①−②の計算

$$\begin{array}{rl} & 19\times x+27\times y \quad =1 \\ -) & 19\times10+27\times(-7)=1 \\ \hline & 19(x-10)+27\{y-(-7)\}=0 \end{array}$$

JUMP 35

考え方 37 と 26 にユークリッドの互除法の考え方を適用する。

$37x+26y=1$ ……①

37 と 26 に互除法を適用して

$37=26\times1+11$ より $11=37-26\times1$ ……②

$26=11\times2+4$ より $4=26-11\times2$ ……③

$11=4\times2+3$ より $3=11-4\times2$ ……④

$4=3\times1+1$ より $1=4-3\times1$ ……⑤

⑤の 3 を，④で置きかえて $1=4-(11-4\times2)\times1$

$=4\times1-11\times1+4\times2$

$=4\times3-11\times1$ ……⑥

⑥の 4 を，③で置きかえて $1=(26-11\times2)\times3-11\times1$

$=26\times3-11\times6-11\times1$

$=26\times3-11\times7$ ……⑦

⑦の 11 を，②で置きかえて $1=26\times3-(37-26\times1)\times7$

$=26\times3-37\times7+26\times7$

$=37\times(-7)+26\times10$ ……⑧

よって，①の整数解の 1 つは

$x=-7$，$y=10$

①−⑧より $37\{x-(-7)\}+26(y-10)=0$

$37(x+7)=26(-y+10)$ ……⑨

37 と 26 は互いに素だから，$x+7$ は 26 の倍数で，整数 k を用いて $x+7=26k$ と表される。

⑨に代入して $37\times26k=26(-y+10)$ より $-y+10=37k$

よって，①のすべての整数解は

$x=26k-7$，$y=-37k+10$（ただし，k は整数）

まとめの問題　数学と人間の活動（p.82）

1 (1)

$$\begin{array}{r|l} 2 & 50 \\ 2 & 25 \cdots 0 \\ 2 & 12 \cdots 1 \\ 2 & 6 \cdots 0 \\ 2 & 3 \cdots 0 \\ 2 & 1 \cdots 1 \\ & 0 \cdots 1 \end{array}$$

よって **$110010_{(2)}$**

(2)
```
4 ) 163
4 )  40  …3 ↑
4 )  10  …0
4 )   2  …2
      0  …2
```
よって　**$2203_{(4)}$**

(3)　$1000010_{(2)}=1\times2^6+0\times2^5+0\times2^4+0\times2^3+0\times2^2+1\times2+0$
$=64+2=\mathbf{66}$

(4)　$2053_{(6)}=2\times6^3+0\times6^2+5\times6+3$
$=432+0+30+3$
$=\mathbf{465}$

2 (1)
```
   1010
+ 11001
 100011
```
よって　$1010_{(2)}+11001_{(2)}=\mathbf{100011_{(2)}}$

(2)
```
    1101
×   1001
    1101
 1101
 1110101
```
よって　$1101_{(2)}\times1001_{(2)}=\mathbf{1110101_{(2)}}$

3 (1)　**1，2，3，4，6，9，12，18，36**

(2)　8 の倍数は，下 3 桁が 8 で割り切れるかを調べればよい。
$120=8\times15$
$916=8\times114+4$
$216=8\times27$
$648=8\times81$
よって，8 の倍数は　**4120，5216，7648**

⬅〈8 の倍数の判定法〉
下 3 桁が 8 の倍数

4 (1)　114 と 190 を素因数分解すると
$114=2\times3\times19$
$190=2\times5\times19$
よって，最大公約数は $2\times19=\mathbf{38}$

(2)　115 と 184 を素因数分解すると
$115=5\times23$
$184=2^3\times23$
よって，最大公約数は **23**

5 (1)　66 と 165 を素因数分解すると
$66=2\times3\times11$
$165=3\times5\times11$
よって，最小公倍数は　$2\times3\times5\times11=\mathbf{330}$

(2)　180 と 600 を素因数分解すると
$180=2^2\times3^2\times5$
$600=2^3\times3\times5^2$
よって，最小公倍数は　$2^3\times3^2\times5^2=\mathbf{1800}$

6 $\sqrt{360n}$ が自然数になるのは，$360n$ がある自然数の 2 乗になるときである。このとき，$360n$ を素因数分解すると，各素因数の指数がすべて偶数になる。
360 を素因数分解すると $360=2^3\times3^2\times5$
よって，求める最小の自然数 n は　$n=2\times5=\mathbf{10}$

7 1 人の子どもにノートを a 冊，鉛筆を b 本分けると
$ax=96$，$bx=132$
よって，x の最大値は 96 と 132 の最大公約数である。
$96=2^5\times3$，$132=2^2\times3\times11$
より，最大公約数は $2^2\times3=12$
したがって，x の最大値は　**12**

8 (1) **101=8×12+5**

$$\begin{array}{r} 12\\ 8\overline{)101}\\ 8\\ \hline 21\\ 16\\ \hline 5 \end{array}$$

(2) **321=15×21+6**

$$\begin{array}{r} 21\\ 15\overline{)321}\\ 30\\ \hline 21\\ 15\\ \hline 6 \end{array}$$

9 （証明） 整数 n は，整数 k を用いて，
$n=3k$，$3k+1$，$3k+2$
と表される。
(i) $n=3k$ のとき　$n^2+1=(3k)^2+1=9k^2+1=3\cdot(3k^2)+1$
(ii) $n=3k+1$ のとき
$n^2+1=(3k+1)^2+1=9k^2+6k+2=3(3k^2+2k)+2$
(iii) $n=3k+2$ のとき
$n^2+1=(3k+2)^2+1=9k^2+12k+5=3(3k^2+4k+1)+2$
$3k^2$，$3k^2+2k$，$3k^2+4k+1$ は整数だから，いずれの場合も n^2+1 は 3 の倍数でない。（終）

10 (1) $1989=884\times2+221$
$884=221\times4$
よって，求める最大公約数は　**221**

(2) $4331=1037\times4+183$
$1037=183\times5+122$
$183=122\times1+61$
$122=61\times2$
よって，求める最大公約数は　**61**

$$\begin{array}{r} 4\\ 221\overline{)884}\\ 884\\ \hline 0 \end{array}\quad\begin{array}{r} 2\\ \overline{)1989}\\ 1768\\ \hline 221 \end{array}$$

$$\begin{array}{r} 2\\ 61\overline{)122}\\ 122\\ \hline 0 \end{array}\quad\begin{array}{r} 1\\ \overline{)183}\\ 122\\ \hline 61 \end{array}\quad\begin{array}{r} 5\\ \overline{)1037}\\ 915\\ \hline 122 \end{array}\quad\begin{array}{r} 4\\ \overline{)4331}\\ 4148\\ \hline 183 \end{array}$$

11 (1) $-5x+7y=0$ より $5x=7y$ ……①

$7y$ は 7 の倍数であるから，①より $5x$ も 7 の倍数である。

5 と 7 は互いに素であるから，x は 7 の倍数であり，整数 k を用いて，$x=7k$ と表される。

ここで，$x=7k$ を①に代入すると，$5\times7k=7y$ より $y=5k$

よって，$-5x+7y=0$ のすべての整数解は

$x=7k$，$y=5k$（ただし，k は整数）

(2) $-2x+7y=1$ ……①

①の整数解の 1 つを求めると

$x=3$，$y=1$

これを①に代入すると $-2\times3+7\times1=1$ ……②

①−②より $-2(x-3)+7(y-1)=0$

すなわち $2(x-3)=7(y-1)$ ……③

2 と 7 は互いに素であるから，$x-3$ は 7 の倍数であり，整数 k を用いて $x-3=7k$ と表される。

ここで，$x-3=7k$ を③に代入すると

$2\times7k=7(y-1)$ より $y-1=2k$

よって，①のすべての整数解は

$x=7k+3$，$y=2k+1$（ただし，k は整数）

⬅①−②の計算

$$\begin{array}{rl} & -2\times x+7\times y=1 \\ -) & -2\times3+7\times1=1 \\ \hline & -2(x-3)+7(y-1)=0 \end{array}$$

目次

問題数	第１章	第２章	第３章	合計
例題	31	23	14	68
類題	34	15	10	59
Exercise	81	41	29	151
JUMP	18	11	6	35
まとめの問題	26	9	11	46

1 集合

例題 1 集合，部分集合，共通部分と和集合，補集合

$U=\{x\mid x$ は 10 以下の自然数$\}$ を全体集合とするとき，その部分集合

$A=\{x\mid x$ は 2 の倍数$\}$，$B=\{x\mid x$ は 3 の倍数$\}$，

$C=\{5,\ 10\}$，　$D=\{2,\ 4,\ 8\}$

について，次の問いに答えよ。

(1) 集合 A，B を，要素を書き並べる方法で表せ。

(2) A の部分集合となるのは，B，C，D のうちどれか。

(3) $B\cap D$ はどのような集合か。

(4) $A\cap B$，$A\cup B$ を求めよ。

(5) $\overline{A\cup B}$，$\overline{A}\cap\overline{B}$ を求めよ。

① 要素を書き並べる。

② 要素の満たす条件を書く。

A は B の部分集合 $A\subset B$

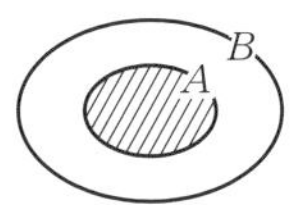

共通部分 $A\cap B$

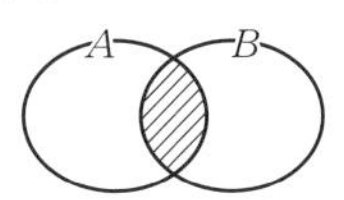

和集合 $A\cup B$

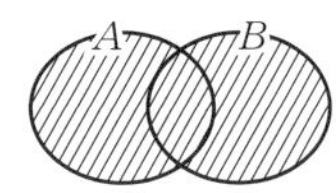

補集合 $\overline{A}$

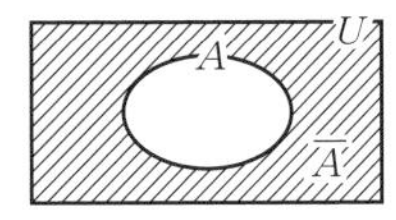

(1) $A=\{\mathbf{2,\ 4,\ 6,\ 8,\ 10}\}$

$B=\{\mathbf{3,\ 6,\ 9}\}$

(2) すべての要素が A の要素になっているのは D

よって，A の部分集合となるのは $\boldsymbol{D}$　←$D\subset A$

(3) B と D に共通な要素はないので

$B\cap D=\boldsymbol{\varnothing}$　←空集合

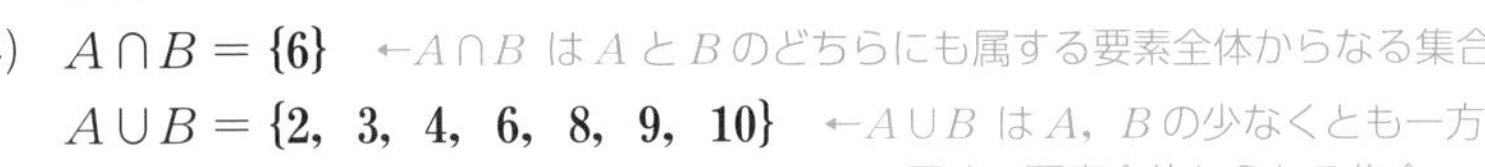

(4) $A\cap B=\{\mathbf{6}\}$　←$A\cap B$ は A と B のどちらにも属する要素全体からなる集合

$A\cup B=\{\mathbf{2,\ 3,\ 4,\ 6,\ 8,\ 9,\ 10}\}$　←$A\cup B$ は A，B の少なくとも一方に属する要素全体からなる集合

(5) (4)より　$\overline{A\cup B}=\{\mathbf{1,\ 5,\ 7}\}$

また，

$\overline{A}=\{1,\ 3,\ 5,\ 7,\ 9\}$

$\overline{B}=\{1,\ 2,\ 4,\ 5,\ 7,\ 8,\ 10\}$

であるから

$\overline{A}\cap\overline{B}=\{\mathbf{1,\ 5,\ 7}\}$

注　$\overline{A}\cap\overline{B}$ と $\overline{A\cup B}$ は，つねに等しい（ド・モルガンの法則）。

▶ド・モルガンの法則

$\overline{A\cup B}=\overline{A}\cap\overline{B}$

$\overline{A\cap B}=\overline{A}\cup\overline{B}$

類題

1 $A=\{1,\ 5,\ 8,\ 10\}$，$B=\{2,\ 5,\ 7,\ 8\}$ のとき，次の集合を求めよ。

(1) $A\cup B$

(2) $A\cap B$

2 $U=\{x\mid x$ は 12 以下の自然数$\}$ を全体集合とするとき，その部分集合 $A=\{x\mid x$ は偶数$\}$，$B=\{x\mid x$ は 12 の約数$\}$ について，次の集合を求めよ。

(1) $A\cup B$　　(2) $A\cap B$

(3) $\overline{A\cup B}$　　(4) $\overline{A}\cap\overline{B}$

3 $U=\{x \mid x$ は18以下の自然数$\}$ を全体集合とするとき，その部分集合

$A=\{x \mid x$ は素数$\}$

$B=\{x \mid x$ は3で割って1余る数$\}$

$C=\{x \mid x$ は18の約数$\}$

について，次の問いに答えよ。

(1) 集合 A，B，C を，要素を書き並べる方法で表せ。

(2) 次の集合を求めよ。

① $A \cup B$

② $A \cap B$

③ $\overline{A} \cap \overline{C}$

④ $\overline{A} \cup \overline{B}$

4 $A=\{x \mid -1 \leqq x \leqq 4,\ x$ は実数$\}$，$B=\{x \mid 2<x<7,\ x$ は実数$\}$ のとき，次の集合を求めよ。

(1) $A \cap B$

(2) $A \cup B$

5 $U=\{x \mid x$ は20以下の自然数$\}$ を全体集合とし，その部分集合を

$A=\{x \mid x$ は4の倍数$\}$

$B=\{x \mid x$ は6で割り切れる数$\}$

とするとき，次の集合を共通部分，和集合，補集合などの記号を用いて表せ。また，その集合を求めよ。

(1) 4でも6でも割り切れる数の集合

(2) 4または6で割り切れる数の集合

(3) 4で割り切れない数の集合

(4) 4で割り切れ，6で割り切れない数の集合

JUMP 1 $A=\{2,\ 4,\ 3a-1\}$，$B=\{-4,\ a+3,\ a^2-2a+2\}$，$A \cap B=\{2,\ 5\}$ のとき，定数 a の値を求めよ。また，$A \cup B$ を求めよ。

2 集合の要素の個数

例題 2 集合の要素の個数

50 以下の自然数のうち，次のような数の個数を求めよ。

(1) 2 の倍数

(2) 3 の倍数でない数

(3) 2 の倍数または 3 の倍数

▶集合の要素の個数
集合 A の要素の個数が有限個のとき，その個数を $n(A)$ で表す。

▶補集合の要素の個数
$n(\overline{A})=n(U)-n(A)$

▶和集合の要素の個数
$n(A\cup B)$
$=n(A)+n(B)-n(A\cap B)$

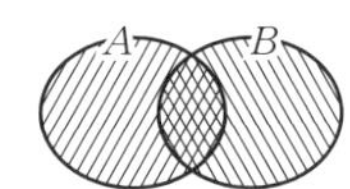

(1) 50 以下の自然数を全体集合 U とし，U の部分集合で，2 の倍数の集合を A とすると

$A=\{2\times1,\ 2\times2,\ \cdots\cdots,\ 2\times25\}$

より　$n(A)=$ **25（個）**

(2) U の部分集合で，3 の倍数の集合を B とすると

$B=\{3\times1,\ 3\times2,\ \cdots\cdots,\ 3\times16\}$

より　$n(B)=16$

「3 の倍数でない数」の集合は $\overline{B}$ であるから　←$\overline{B}$ は B の補集合

$n(\overline{B})=n(U)-n(B)$

$=50-16=$ **34（個）**

(3) 「2 の倍数または 3 の倍数」の集合は $A\cup B$ で表される。　←$A\cup B$ は A，B の和集合

また，$A\cap B$ は「2 の倍数かつ 3 の倍数」の集合，すなわち，2 と 3 の最小公倍数 6 の倍数の集合であるから

$A\cap B=\{6\times1,\ 6\times2,\ \cdots\cdots,\ 6\times8\}$

より　$n(A\cap B)=8$

よって「2 の倍数または 3 の倍数」の個数 $n(A\cup B)$ は

$n(A\cup B)=n(A)+n(B)-n(A\cap B)$

$=25+16-8=$ **33（個）**

類題

6　30 以下の自然数のうち，偶数の集合を A，3 の倍数の集合を B とするとき，次の個数を求めよ。

(1) $n(A)$

(2) $n(\overline{B})$

(3) $n(A\cup B)$

7 100 以下の自然数のうち，3 で割って 2 余る数の集合を A，奇数の集合を B とするとき，次の個数を求めよ。

(1) $n(A)$

(2) $n(B)$

(3) $n(A \cap B)$

(4) $n(A \cup B)$

(5) $n(\overline{A \cap B})$

(6) $n(\overline{A} \cap \overline{B})$

8 あるクラスの生徒 40 人について，英語と数学のテストを行った結果は，次のようになった。

英語が 80 点以上	12 人
数学が 80 点以上	20 人
英語または数学が 80 点以上	25 人

(1) 英語，数学ともに 80 点未満の生徒は何人か。

(2) 英語，数学ともに 80 点以上の生徒は何人か。

9 あるケーキ店に来た客 100 人のうち，チーズケーキを買った人は 62 人，モンブランを買った人は 55 人，どちらも買った人は 35 人であった。このとき，どちらも買わなかった人は何人か。

JUMP 2 50 以下の自然数のうち，2 または 3 または 5 で割り切れる数の個数を求めよ。

1　$U=\{x \mid x$ は 30 以下の自然数$\}$ を全体集合とするとき，その部分集合

$A=\{x \mid 3$ の倍数$\}$，$B=\{x \mid x$ は奇数$\}$，

$C=\{x \mid x$ は 60 の約数$\}$，$D=\{x \mid x$ は素数$\}$

について，次の問いに答えよ。

(1)　C，D を，要素を書き並べる方法で表せ。

(2)　次の集合を共通部分，和集合，補集合などの記号を用いて表せ。また，その集合を求めよ。

①　3 の倍数で偶数

②　3 の倍数または偶数

③　3 の倍数でない奇数

④　素数でない 60 の約数

2　12 以下の自然数を全体集合 U とする。その部分集合 A，B について，

$\overline{A}\cap B=\{2,\ 6,\ 8,\ 12\}$

$A\cap\overline{B}=\{5,\ 7,\ 11\}$

$\overline{A\cup B}=\{1,\ 4,\ 9\}$

であるとする。このとき，次の各集合を要素を書き並べる方法で表せ。

(1)　$A\cup B$

(2)　$A\cap B$

(3)　A

(4)　B

3 300 以下の自然数のうち，次のような数の個数を求めよ。

(1) 4 の倍数かつ 5 の倍数

(2) 4 の倍数または 5 の倍数

(3) 4 で割り切れるが，5 で割り切れない数

(4) 4 でも 5 でも割り切れない数

4 700 以下の 3 桁の自然数のうち，15 の倍数でも 20 の倍数でもない数はいくつあるか。

5 ある商店に来た客について買物調査をした。商品 A と商品 B について

商品 A を買った人	35 人
商品 B を買った人	28 人
商品 A または B を買った人	47 人

であった。商品 A と商品 B のうち，商品 A のみを買った人は何人か。

3 場合の数(1)　樹形図，和の法則

例題 3　樹形図

1，2，2，3，3 の 5 個の数字から 3 個を使ってできる 3 桁の整数は全部で何通りあるか。ただし，使わない数字があってもよいものとする。

解　樹形図をかくと，次のようになる。

百の位　十の位　一の位　　百の位　十の位　一の位　　百の位　十の位　一の位

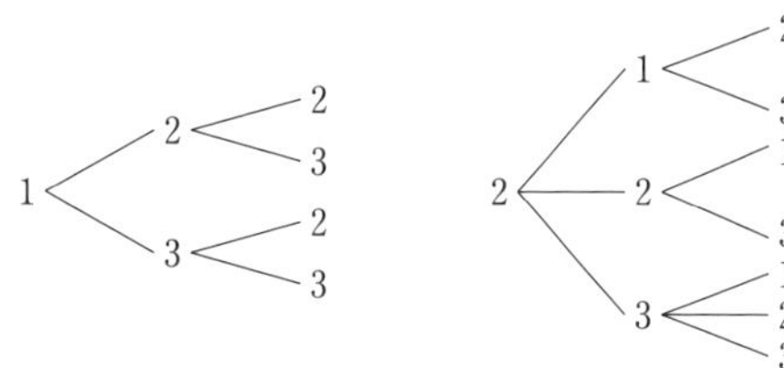

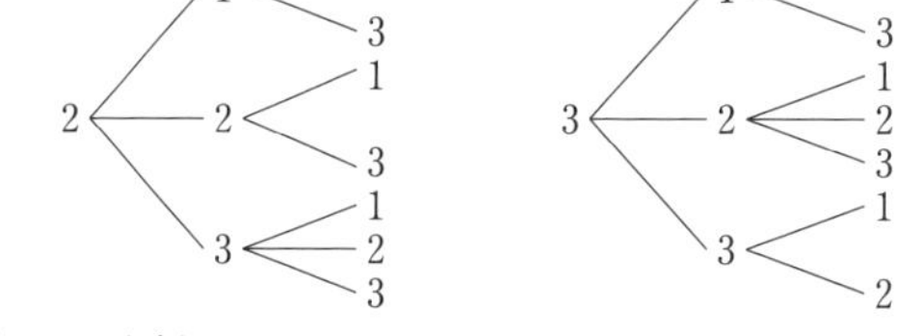

よって，求める場合の数は **18 通り**

例題 4　和の法則

大小 2 個のさいころを同時に投げるとき，目の和が 4 以下になる場合は何通りあるか。

▶和の法則
A の起こる場合が m 通り
B の起こる場合が n 通り
これらが同時には起こらないとき，
A または B の起こる場合の数は
$m+n$（通り）

解　大小のさいころの目を $(x,\ y)$ で表すと

(i)　目の和が 2 になる場合は，(1，1) の 1 通り

(ii)　目の和が 3 になる場合は，(1，2)，(2，1) の 2 通り

(iii)　目の和が 4 になる場合は，(1，3)，(2，2)，(3，1) の 3 通り

(i)，(ii)，(iii)はどれも同時には起こらないから，求める場合の数は，和の法則より

$1+2+3=$ **6（通り）**

類題

10　5，6，7，7，7 の 5 個の数字から 3 個を使ってできる 3 桁の整数は全部で何通りあるか。ただし，使わない数字があってもよいものとする。

11　赤白 2 個のさいころを同時に投げるとき，目の和が 9 以上になる場合は何通りあるか。

12 a, a, b, b, c の 5 文字から 3 文字選んで並べる並べ方は何通りあるか。ただし，選ばない文字があってもよいものとする。

13 100 円，50 円，10 円の硬貨がそれぞれ 2 枚，5 枚，10 枚ある。これらの硬貨を使って 250 円を支払うには，何通りの方法があるか。ただし，使わない硬貨があってもよいものとする。

14 A，B の 2 チームが試合を行い，先に 3 勝した方を優勝とする。最初の 2 試合について，1 試合目は A が勝ち，2 試合目は B が勝った場合，優勝の決まり方は何通りあるか。ただし，引き分けはないものとする。

15 0，1，1，2，3 の 5 個の数字から 3 個を使ってできる 3 桁の整数は全部で何通りあるか。ただし，使わない数字があってもよいものとする。

16 大小 2 個のさいころを同時に投げるとき，次の場合の数を求めよ。

(1) 目の和が 3 の倍数になる

(2) 目の和が 10 以上になる

JUMP 3 1，1，2，2，3 の 5 個の数字を使ってできる 5 桁の整数のうち，小さい方から 10 番目の整数を求めよ。

4 場合の数(2)　積の法則

例題 5　積の法則

コーヒー，紅茶の自動販売機があり，それぞれにミルク，砂糖を入れるか入れないかを選択できるようになっている。全部で何通りの選択ができるか。

コーヒー，紅茶の選び方は 2 通りあり，このそれぞれの場合についてミルクを入れる入れないで 2 通りずつ，砂糖を入れる入れないで 2 通りずつある。
よって，求める場合の数は，積の法則より
$2\times2\times2=$ **8（通り）**

▶積の法則
A の起こる場合が m 通り
そのそれぞれについて
B の起こる場合が n 通り
このとき，A，B がともに起こる場合の数は
$m\times n$ 通り

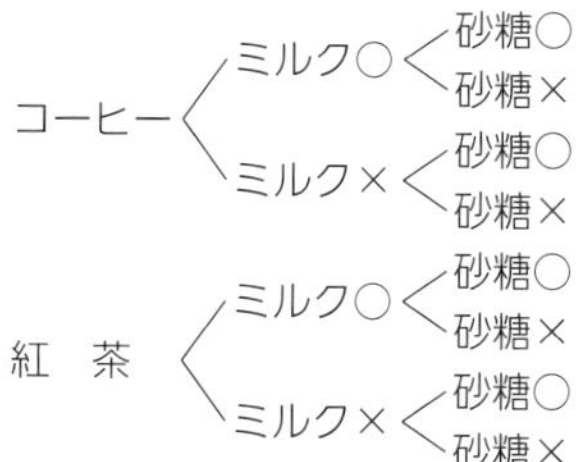

例題 6　約数の個数

200 の正の約数の個数を求めよ。

200 を素因数分解すると　$200=2^3\times5^2$
ゆえに，200 の正の約数は，2^3 の正の約数の 1 つと 5^2 の正の約数の 1 つの積で表される。
2^3 の正の約数は 1，2，2^2，2^3 の 4 個あり，5^2 の正の約数は 1，5，5^2 の 3 個ある。
よって，200 の正の約数の個数は，積の法則より
$4\times3=$ **12（個）**

〈200 の正の約数〉

	1	5	5^2
1	1	5	25
2	2	10	50
2^2	4	20	100
2^3	8	40	200

類題

17　あるケーキ屋さんでは，ケーキが 5 種類，飲み物が 3 種類のメニューがある。この中からそれぞれ 1 種類ずつ選ぶとき，セットのつくり方は何通りあるか。

18　112 の正の約数の個数を求めよ。

19　花屋さんで鉢植えの花を買うのに，3 種類の植木鉢と 4 種類の花が選べる。鉢植えの花を 1 つ買うとき，買い方は何通りあるか。

20　下図のように，A 市と B 市は 4 本の道でつながっており，B 市と C 市は 3 本の道でつながっている。A 市から B 市を通って C 市に行く行き方は何通りあるか。

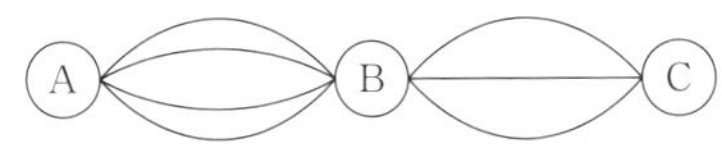

21　216 の正の約数の個数を求めよ。

22　大中小 3 個のさいころを同時に投げるとき，どのさいころの目も奇数となる目の出方は何通りあるか。

23　A 市，B 市，C 市が下図のような道路でつながっている。A 市から C 市へ行き，また，A 市にもどってくる行き方は何通りあるか。ただし，同じ道は通らないものとする。

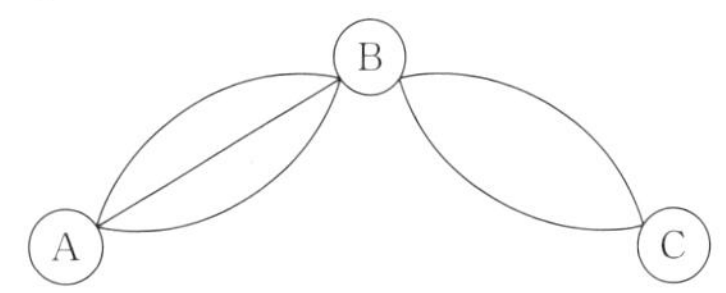

24　540 の正の約数の個数を求めよ。

JUMP 4　792 の正の約数のうち，偶数の個数を求めよ。

5 順列(1)

例題 7 $_n\mathrm{P}_r$ の計算・n の階乗

次の値を求めよ。

(1) $_6\mathrm{P}_3$　(2) $_{20}\mathrm{P}_2$　(3) $_4\mathrm{P}_4$　(4) $5!$

(1) $_6\mathrm{P}_3 = 6\cdot5\cdot4 = \mathbf{120}$　(2) $_{20}\mathrm{P}_2 = 20\cdot19 = \mathbf{380}$

(3) $_4\mathrm{P}_4 = 4\cdot3\cdot2\cdot1 = \mathbf{24}$　(4) $5! = 5\cdot4\cdot3\cdot2\cdot1 = \mathbf{120}$

例題 8 順列

(1) 1，2，3，4，5 の 5 個の数字の中から，異なる 3 個の数字を使って 3 桁の整数をつくるとき，整数は何通りできるか。

(2) 10 人の生徒の中から第 1～4 走者のリレー走者を 4 人選ぶとき，その選び方は何通りあるか。

(1) 求める整数の総数は，5 個から 3 個を選んで 1 列に並べる順列の総数に等しい。よって，求める整数の総数は

$_5\mathrm{P}_3 = 5\cdot4\cdot3 = \mathbf{60}$ **(通り)**

(2) 10 人の中から 4 人を選んで 1 列に並べ，
1 番目の生徒を第 1 走者，2 番目の生徒を第 2 走者，
3 番目の生徒を第 3 走者，4 番目の生徒を第 4 走者
とすればよい。よって，選び方の総数は

$_{10}\mathrm{P}_4 = 10\cdot9\cdot8\cdot7 = \mathbf{5040}$ **(通り)**

▶順列

異なる n 個のものから異なる r 個を取り出して一列に並べる順列を，n 個のものから r 個取る順列といい，その総数を $_n\mathrm{P}_r$ で表す。

▶順列の総数

$$_n\mathrm{P}_r = \underbrace{n(n-1)(n-2)\cdots\cdots(n-r+1)}_{r\text{個}}$$

$$= \frac{n!}{(n-r)!}$$

▶n の階乗

$_n\mathrm{P}_r$ の式で，とくに $r=n$ のときは，1 から n までの自然数の積となる。これを n の階乗といい，$n!$ で表す。ただし，$0!=1$ とする。

$_n\mathrm{P}_n = n! = n(n-1)(n-2)\cdots\cdots3\cdot2\cdot1$

類題

25 次の値を求めよ。

(1) $_7\mathrm{P}_3$

(2) $_{10}\mathrm{P}_2$

(3) $_5\mathrm{P}_5$

(4) $6!$

26 1，2，3，4，5，6 の 6 個の数字の中から，異なる 4 個の数字を使って 4 桁の整数をつくるとき，整数は何通りできるか。

27 次の値を求めよ。

(1) ${}_5\mathrm{P}_2$

(2) ${}_{10}\mathrm{P}_3$

(3) ${}_7\mathrm{P}_7$

(4) $8!$

28 a, b, c, d, e の5文字から異なる3文字を選んで1列に並べるとき，その並べ方は何通りあるか。

29 1, 2, 3, 4, 5, 6, 7, 8 の8個の数字の中から，異なる4個の数字を使って4桁の整数をつくるとき，偶数は何通りできるか。

30 A, B, C, D, E の5人が，前3人，後ろ2人の2列に並んで写真を撮るとき，その並び方は何通りあるか。

31 18色のクレヨンを使って下の図の A, B, C の部分を塗り分けたい。すべて違う色で塗り分ける方法は何通りあるか。

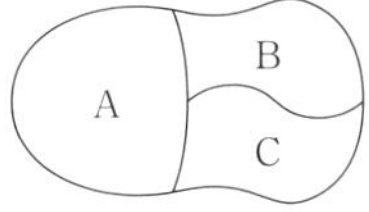

JUMP 5 1, 2, 3, 4, 5 の5個の数字の中から，異なる3個の数字を使って3桁の整数をつくるとき，3の倍数は何通りできるか。(ヒント：各位の数の和が3の倍数であればよい。)

6 順列(2) 順列の利用

例題 9 整数の個数

0，1，2，3，4，5 の 6 個の数字の中から，異なる 3 個の数字を使って 3 桁の整数をつくるとき，5 の倍数は何通りできるか。

5 の倍数となるのは，一の位が 0 か 5 の場合である。
一の位が 0 の場合，百の位，十の位は残り 5 個の数字から 2 個を選んで並べればよいから，その並べ方は

$_5P_2 = 5 \times 4 = 20$（通り）

一の位が 5 の場合，百の位は 1，2，3，4 の 4 通り，十の位は残り 4 個の数字から 1 つを選んで並べればよいから，その並べ方は

$4 \times 4 = 16$（通り）

よって，求める 3 桁の整数の総数は，和の法則より

$20 + 16 =$ **36（通り）**

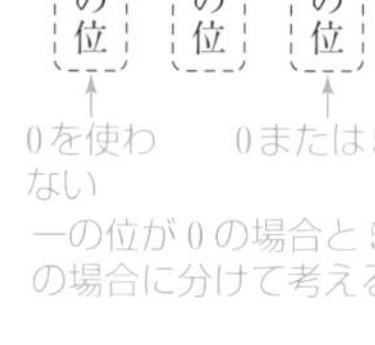

例題 10 制限のある並べ方

男子 3 人と女子 4 人が 1 列に並ぶとき，次のような並び方は何通りあるか。

(1) 男子が両端にくる並び方　　(2) 男女が交互に並ぶ並び方

(1) 男子 3 人のうち両端にくる 2 人の並び方は $_3P_2 = 6$（通り）
このそれぞれの場合について，残りの 5 人が 1 列に並ぶ並び方は $_5P_5 = 5! = 120$（通り）
よって，並び方の総数は，積の法則より

$6 \times 120 =$ **720（通り）**

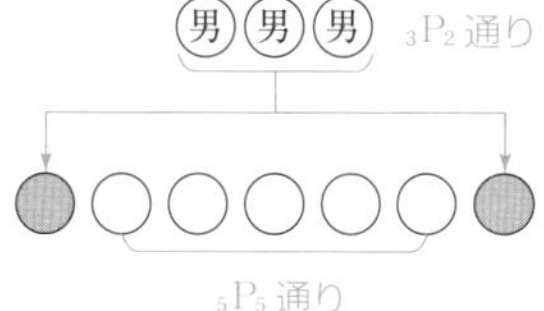

(2) 女子 4 人が先に並び，その間に男子 3 人が並べばよい。
女子 4 人の並び方は $_4P_4 = 4! = 24$（通り）
このそれぞれの場合について，男子 3 人の並び方は

$_3P_3 = 3! = 6$（通り）

よって，並び方の総数は，積の法則より

$24 \times 6 =$ **144（通り）**

類題

32 0，1，2，3，4，5 の 6 個の数字の中から，異なる 4 個の数字を使って 4 桁の整数をつくるとき，整数は何通りできるか。

33 男女 3 人ずつが交互に 1 列に並ぶ並び方は何通りあるか。

34 0, 1, 2, 3, 4, 5の6個の数字の中から，異なる3個の数字を使って3桁の整数をつくるとき，偶数は何通りできるか。

35 A, B, C, D, E, Fの6文字を1列に並べるとき，AとBが隣り合う並べ方は何通りあるか。

36 0から6までの数字が1つずつ書かれた7枚のカードがある。このカードのうち3枚のカードを1列に並べて3桁の整数をつくるとき，奇数は何通りできるか。

37 男子5人と女子3人が横1列に並ぶとき，次のような並び方は何通りあるか。

(1) 女子3人が隣り合う並び方

(2) 女子が両端にくる並び方

JUMP 6 A, B, C, D, Eの5文字を1列に並べるとき，AとBが隣り合わない並べ方は何通りあるか。

7 順列(3)　円順列・重複順列

例題 11　円順列

大人 2 人と子供 4 人が円形のテーブルのまわりに座るとき，次のような座り方は何通りあるか。

(1)　すべての座り方

(2)　大人 2 人が隣り合う座り方

(3)　大人 2 人が向かい合う座り方

▶円順列
異なる n 個のものの円順列の総数は
　$(n-1)!$ 通り

解 (1)　6 人の円順列であるから
　$(6-1)!=5!=$ **120（通り）**

(2)　大人 2 人をひとまとめにして，5 人の円順列と考えると
　$(5-1)!=4!=24$（通り）

このそれぞれの場合について，大人 2 人の座り方が 2 通りずつある。

よって，大人 2 人が隣り合う座り方の総数は
　$24\times2=$ **48（通り）**

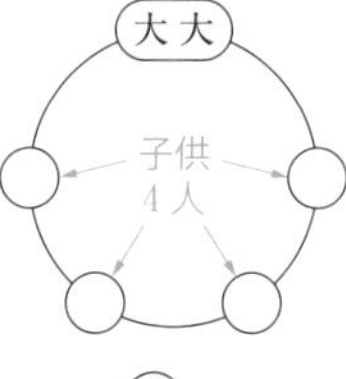

(3)　大人 2 人のうち一方の席が決まれば，もう一方の席もただ 1 通りに決まる。ゆえに，残り 4 つの席に子供 4 人が座る順列を考えればよい。

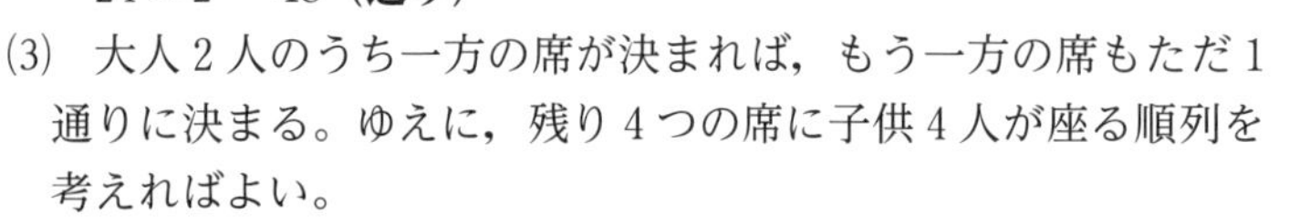

よって，大人 2 人が向かい合う座り方の総数は
　${}_4P_4=4!=$ **24（通り）**

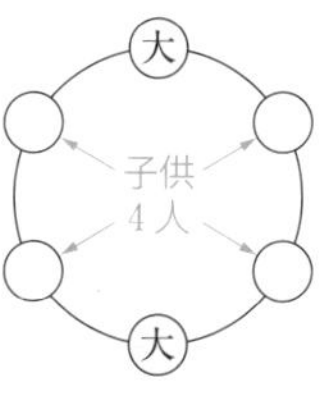

例題 12　重複順列

A，B，C，D の 4 人が，コーヒー，紅茶，ジュースのいずれか 1 つを買うとき，買い方は何通りあるか。ただし，同じ飲み物を何人が買ってもよい。

▶重複順列
異なる n 個のものから r 個を取り出して並べる重複順列の総数は
　n^r 通り

解 A，B，C，D の 4 人それぞれにつき，コーヒー，紅茶，ジュースの 3 通りの買い方がある。

よって，買い方の総数は
　$3^4=$ **81（通り）**

←A　B　C　D
$3\times3\times3\times3=3^4$ 通り
通り　通り　通り　通り

類題

38　8 人が円形のテーブルのまわりに座るとき，座り方は何通りあるか。

39　A，B，C，D の 4 文字を使って 3 文字の文字列をつくるとき，文字列は何通りできるか。ただし，同じ文字を何回用いてもよい。

40 6個の異なる色の玉を円形に並べるとき，その並べ方は何通りあるか。

41 5人の生徒が，音楽，美術，書道のいずれか1つの科目を選択するとき，選択の方法は何通りあるか。ただし，だれも選択しない科目があってもよい。

42 1，2，3，4，5の5個の数字を使って3桁の整数をつくるとき，整数は何通りできるか。ただし，同じ数字を何回用いてもよい。

43 男子2人と女子6人が円形のテーブルのまわりに座るとき，次のような座り方は何通りあるか。

(1) 男子2人が隣り合う座り方

(2) 男子2人が向かい合う座り方

44 5人でじゃんけんをするとき，5人のグー，チョキ，パーの出し方は何通りあるか。

JUMP 7 大人3人と子ども6人が円形のテーブルのまわりに座るとき，どの大人も隣り合わない座り方は何通りあるか。

8 組合せ(1)

例題 13 ${}_nC_r$ の計算

次の値を求めよ。

(1) ${}_7C_2$　(2) ${}_8C_5$　(3) ${}_5C_5$　(4) ${}_5C_1$

(1) ${}_7C_2 = \dfrac{7\cdot6}{2\cdot1} = \mathbf{21}$　(2) ${}_8C_5 = {}_8C_3 = \dfrac{8\cdot7\cdot6}{3\cdot2\cdot1} = \mathbf{56}$

(3) ${}_5C_5 = \dfrac{5\cdot4\cdot3\cdot2\cdot1}{5\cdot4\cdot3\cdot2\cdot1} = \mathbf{1}$　(4) ${}_5C_1 = \mathbf{5}$

例題 14 組合せ

男子 5 人，女子 6 人から 4 人の代表を選ぶとき，次のような選び方は何通りあるか。

(1) 男女 2 人ずつ　(2) 少なくとも 1 人は男子を含む

(1) 男子 5 人から 2 人を選ぶ選び方は ${}_5C_2 = 10$（通り）あり，このそれぞれの場合について，女子 6 人から 2 人を選ぶ選び方は ${}_6C_2 = 15$（通り）ずつある。
よって，選び方の総数は，積の法則より
${}_5C_2 \times {}_6C_2 = 10 \times 15 = \mathbf{150}$ **（通り）**

(2) 男女あわせて 11 人の中から 4 人を選ぶ選び方は
${}_{11}C_4 = 330$（通り）
4 人とも女子を選ぶ選び方は ${}_6C_4 = 15$（通り）
よって，少なくとも 1 人は男子を含む選び方の総数は
${}_{11}C_4 - {}_6C_4 = 330 - 15 = \mathbf{315}$ **（通り）**

▶組合せ
異なる n 個のものから異なる r 個を取り出してできる組合せを，n 個のものから r 個取る組合せといい，その総数を ${}_nC_r$ で表す。

▶組合せの総数
$${}_nC_r = \frac{{}_nP_r}{r!} = \frac{\overbrace{n(n-1)(n-2)\cdots\cdots(n-r+1)}^{r\text{個}}}{r(r-1)(r-2)\cdots\cdots3\cdot2\cdot1} = \frac{n!}{r!(n-r)!}$$
また，
${}_nC_r = {}_nC_{n-r}$
である。

男	女	
4 人	0 人	少なくとも 1 人は男子
3 人	1 人	少なくとも 1 人は男子
2 人	2 人	少なくとも 1 人は男子
1 人	3 人	少なくとも 1 人は男子
0 人	4 人	…4 人とも女子

類題

45 次の値を求めよ。

(1) ${}_7C_3$

(2) ${}_8C_6$

(3) ${}_4C_4$

(4) ${}_5C_0$

46 9 人から次のように選ぶ選び方は何通りあるか。

(1) 3 人を選ぶ

(2) 7 人を選ぶ

47 30人のクラスから2人の代表を選ぶ選び方は何通りあるか。

48 図書館に15冊の数学の専門書がある。3冊借りるとしたら，借り方は何通りあるか。

49 A組10人，B組8人から4人の委員を選ぶとき，次のような選び方は何通りあるか。

(1) 各組から2人ずつ

(2) 少なくとも1人はA組の委員を含む

50 トランプのハート（♥）のカード13枚から5枚のカードを取り出すとき，次のような取り出し方は何通りあるか。

(1) 絵札（番号が11，12，13（J，Q，K）のもの）を2枚だけ取り出す

(2) 少なくとも1枚は絵札を取り出す

51 太郎さんを含む男子5人，花子さんを含む女子4人から男子3人，女子2人を選ぶとき，次のような選び方は何通りあるか。

(1) 太郎さんと花子さんが2人とも選ばれる

(2) 太郎さんは選ばれるが，花子さんは選ばれない

JUMP 8 1から11までの自然数の中から3個の数字を選ぶとき，選んだ3個の数字の和が奇数になるような選び方は何通りあるか。

9 組合せ(2)　組合せの利用・組分け

例題 15 組合せの利用

正七角形において，次のものを求めよ。

(1)　3 個の頂点を結んでできる三角形の個数

(2)　対角線の本数

(1)　7 個の頂点から 3 個の頂点を選ぶと，三角形が 1 個できるから

←どの 3 個を選んでも，一直線上には乗らない

$$ {}_7C_3 = \frac{7\cdot6\cdot5}{3\cdot2\cdot1} = \mathbf{35} \text{ (個)} $$

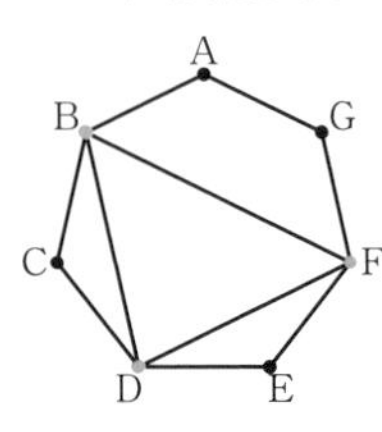

(2)　7 個の頂点から 2 個の頂点を選ぶと，対角線または辺ができるから

$$ {}_7C_2 = \frac{7\cdot6}{2\cdot1} = 21 \text{ (本)} $$

このうち，辺は 7 本あるから，対角線の本数は

$21 - 7 = \mathbf{14}$ **(本)**

例題 16 組分け

12 人を次のように分けるとき，分け方は何通りあるか。

(1)　4 人ずつ A，B，C の 3 つの部屋に分ける。

(2)　4 人ずつ 3 組に分ける。

(1)　12 人から A に入る 4 人を選ぶ選び方は

$$ {}_{12}C_4 = \frac{12\cdot11\cdot10\cdot9}{4\cdot3\cdot2\cdot1} = 495 \text{ (通り)} $$

このそれぞれの場合について，残りの 8 人から B に入る 4 人を選ぶ選び方は

$$ {}_8C_4 = \frac{8\cdot7\cdot6\cdot5}{4\cdot3\cdot2\cdot1} = 70 \text{ (通り)} $$

最後に残った 4 人は，C に入る。

←4 人から C に入る 4 人を選ぶ選び方は ${}_4C_4$ 通り

よって，求める分け方の総数は，積の法則より

$$ {}_{12}C_4 \times {}_8C_4 \times {}_4C_4 = 495 \times 70 \times 1 = \mathbf{34650} \text{ (通り)} $$

(2)　$\dfrac{34650}{3!} = \mathbf{5775}$ **(通り)**

←(1)で A，B，C の部屋の区別をなくすと，同じ組分けになるものは，それぞれ 3! 通りずつある

類題

52　正五角形において，次のものを求めよ。

(1)　3 個の頂点を結んでできる三角形の個数

(2)　対角線の本数

53 右の図のように，3 本の平行な直線がほかの 4 本の平行な直線と交わっている。このとき，次のものを求めよ。

(1) 横線から 2 本選ぶ方法は何通りあるか。

(2) これらの平行な直線で囲まれる平行四辺形は，全部で何個あるか。

54 6 人を次のように分けるとき，分け方は何通りあるか。

(1) 2 人，4 人に分ける。

(2) 3 人ずつ A 組，B 組の 2 つの組に分ける。

(3) 3 人ずつ 2 組に分ける。

55 異なる 8 個の球を次のように分けるとき，分け方は何通りあるか。

(1) A，B，C，D の箱に 2 個ずつ入れる。

(2) 2 個ずつの 4 組に分ける。

56 異なる 10 個の缶詰を次のように 3 つのセットに分けるとき，分け方は何通りあるか。

(1) 2 個，3 個，5 個のセットに分ける。

(2) 3 個，3 個，4 個のセットに分ける。

JUMP 9 右の図のようなマス目の方眼紙がある。このとき，次のものを求めよ。

(1) 正方形の個数

(2) 正方形でない長方形の個数

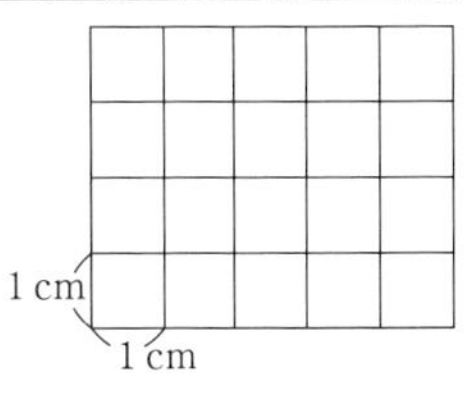

10 組合せ(3)　同じものを含む順列

例題 17 同じものを含む順列

A，B，B，C，C の 5 文字を 1 列に並べる並べ方は何通りあるか。

 5 個の中に A が 1 個，B が 2 個，C が 2 個あるから

$$\frac{5!}{1!2!2!}=\frac{5\cdot4\cdot3\cdot2\cdot1}{1\times2\cdot1\times2\cdot1}=\mathbf{30}\ \textbf{（通り）}$$

▶同じものを含む順列
n 個のものの中に，同じものがそれぞれ p 個，q 個，r 個あるとき，これら n 個のものすべてを 1 列に並べる順列の総数は

$$\frac{n!}{p!q!r!}$$

ただし，$p+q+r=n$

例題 18 最短経路

右の図のように区画された道路がある。A から B まで最短経路で行く道順は全部で何通りあるか。

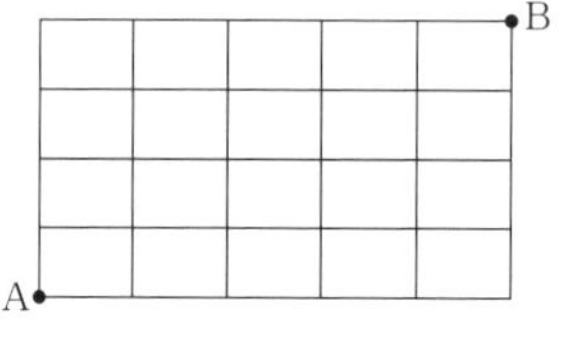

 右へ 1 区画進むことを a
上へ 1 区画進むことを b
と表すと，右の図の道順は
$abaababba$ の順列で表される。
同様に，他の道順も，5 個の a と 4 個の b を 1 列に並べる順列で表される。

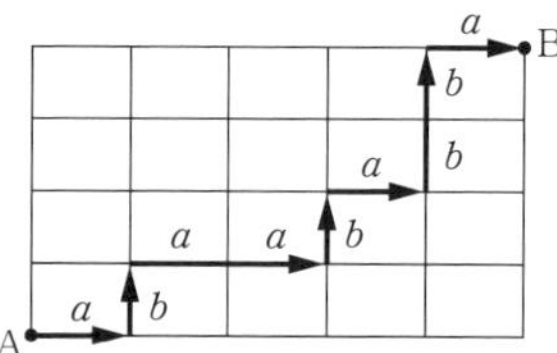

よって，最短経路で行く道順の総数は，5 個の a と 4 個の b を横 1 列に並べる順列の総数に等しい。

したがって　$\frac{9!}{5!4!}=\mathbf{126}$ **（通り）**

別解 右へ 5 区画，上へ 4 区画進めばよい。よって，9 区画のうち上へ進む 4 区画をどこにするか選べば，A から B まで行く最短経路が 1 つ決まる。
したがって
$_9C_4=\mathbf{126}$ **（通り）**

類題

57 A，A，A，A，B，B，B，C の 8 文字を 1 列に並べる並べ方は何通りあるか。

58 右の図のように区画された道路がある。A から B まで最短経路で行く道順は全部で何通りあるか。

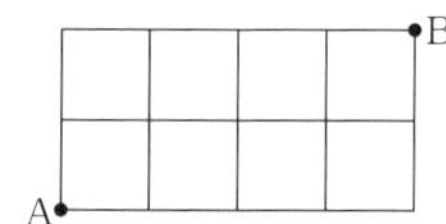

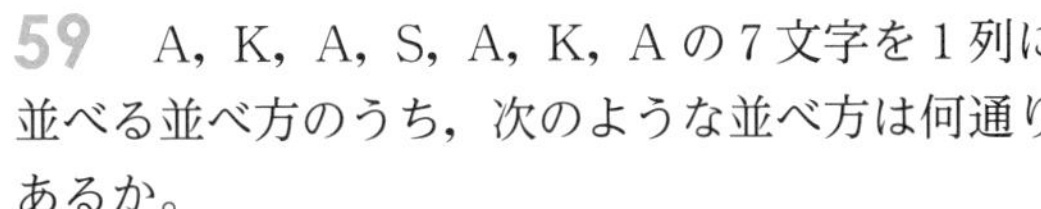

59　A，K，A，S，A，K，A の 7 文字を 1 列に並べる並べ方のうち，次のような並べ方は何通りあるか。

(1)　すべての並べ方

(2)　左端が S である並べ方

(3)　両端が A である並べ方

60　1，1，1，2，3，3 の 6 個の数字すべてを 1 列に並べて 6 桁の整数をつくるとき，次の問いに答えよ。

(1)　整数は全部で何通りできるか。

(2)　偶数は何通りできるか。

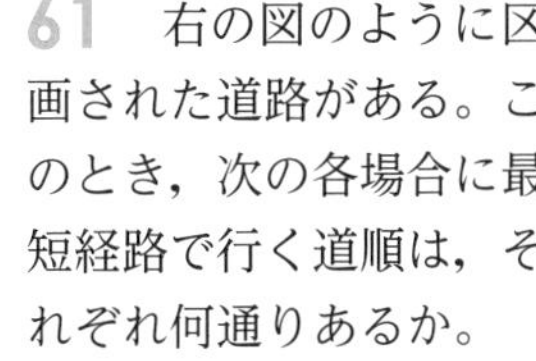

61　右の図のように区画された道路がある。このとき，次の各場合に最短経路で行く道順は，それぞれ何通りあるか。

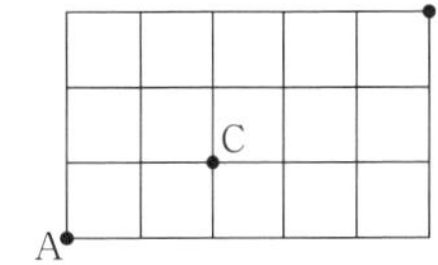

(1)　A から B まで行く道順

(2)　A から C を通らないで B まで行く道順

62　右の図のように区画された道路がある。このとき，次の各場合に最短経路で行く道順は，それぞれ何通りあるか。

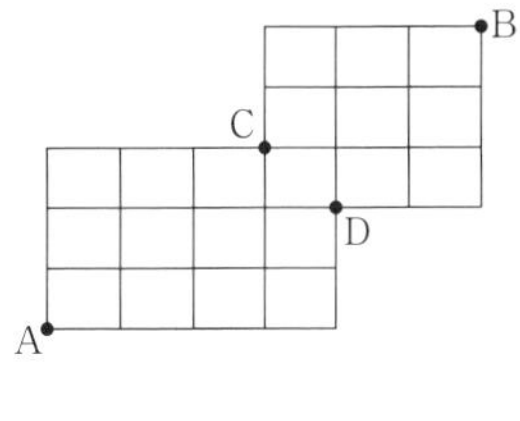

(1)　A から C を通って B まで行く道順

(2)　A から D を通って B まで行く道順

(3)　A から B まで行く道順

JUMP 10　A，A，A，B，B，C，D の 7 文字を 1 列に並べる並べ方のうち，B が隣り合わない並べ方は何通りあるか。

まとめの問題　場合の数と確率②

1　A，A，A，B，C の 5 文字から 3 文字選んで並べる並べ方は何通りあるか。ただし，選ばない文字があってもよい。

2　0，1，2，3，4，5，6 の 7 個の数字の中から，異なる 3 個の数字を使って 3 桁の整数をつくるとき，次のものは何通りできるか。

(1)　奇数

(2)　5 の倍数

3　1000 の正の約数の個数を求めよ。

4　K，O，B，E，S，H，I の 7 文字を 1 列に並べるとき，次の並べ方は何通りできるか。

(1)　両端が母音（O，E，I）となる並べ方

(2)　母音が 3 つ隣り合う並べ方

5 男子 3 人と女子 3 人が円形のテーブルのまわりに座るとき，女子 3 人が続いて並ぶ座り方は何通りあるか。

6 男子 10 人，女子 5 人の部活のメンバーから次のメンバーを選ぶとき，選び方は何通りあるか。

(1) キャプテン，副キャプテンの 2 人

(2) 代表者 2 人

(3) 少なくとも 1 人は女子を含む代表者 3 人

7 8 人を 2 人ずつ 4 組に分けるとき，分け方は何通りあるか。

8 1，1，2，2，3，3 の 6 個の数字すべてを 1 列に並べて 6 桁の整数をつくるとき，次の問いに答えよ。

(1) 整数は全部で何通りできるか。

(2) 偶数は何通りできるか。

11 事象と確率(1)

例題 19 事象の確率・いろいろな事象の確率(1)

次の確率を求めよ。

(1) 1個のさいころを投げるとき，3の倍数の目が出る確率

(2) 大小2個のさいころを同時に投げるとき，目の和が5になる確率

▶確率
すべての根元事象が同様に確からしい試行において，
$n(U)$：起こり得るすべての場合の数
$n(A)$：事象 A の起こる場合の数
とするとき，事象 A の確率は

$$P(A)=\frac{n(A)}{n(U)}$$

解 (1) 全事象 U は $U=\{1,\ 2,\ 3,\ 4,\ 5,\ 6\}$ ←$n(U)=6$
と表される。U の6つの根元事象は，同様に確からしい。
このうち，「3の倍数の目が出る」事象 A は
$A=\{3,\ 6\}$ である。 ←$n(A)=2$

よって，求める確率は $P(A)=\dfrac{n(A)}{n(U)}=\dfrac{2}{6}=\mathbf{\dfrac{1}{3}}$

注 以下，本書では，全事象 U におけるすべての根元事象が同様に確からしいもののみを扱うものとする。

(2) 大小2個のさいころの目の出方は全部で $6\times6=36$（通り） ←2個のさいころには各々6通りの出方がある
大のさいころの目が x，小のさいころの目が y であることを $(x,\ y)$ と表すことにする。
目の和が5になるのは
$(1,\ 4)$，$(2,\ 3)$，$(3,\ 2)$，$(4,\ 1)$ の4通りである。

よって，求める確率は $\dfrac{4}{36}=\mathbf{\dfrac{1}{9}}$

x＼y	1	2	3	4	5	6
1	2	3	4	5	6	7
2	3	4	5	6	7	8
3	4	5	6	7	8	9
4	5	6	7	8	9	10
5	6	7	8	9	10	11
6	7	8	9	10	11	12

類題

63 1個のさいころを投げるとき，3以上の目が出る確率を求めよ。

64 1から9までの番号が書かれた9枚のカードから1枚のカードを引くとき，番号が偶数である確率を求めよ。

65 1組52枚のトランプから1枚のカードを引くとき，キング（K）のカードである確率を求めよ。

66 大小2個のさいころを同時に投げるとき，目の和が10になる確率を求めよ。

67 100円硬貨，50円硬貨，10円硬貨の3枚を同時に投げるとき，次の確率を求めよ。

(1) 3枚とも表が出る確率

(2) 2枚だけ表が出る確率

68 大小2個のさいころを同時に投げるとき，次の確率を求めよ。

(1) 目の和が7になる確率

(2) 目の和が6以下になる確率

69 大小2個のさいころを同時に投げるとき，次の確率を求めよ。

(1) 目の差が3になる確率

(2) 目の和が偶数になる確率

(3) 目の積が3の倍数になる確率

70 大中小3個のさいころを同時に投げるとき，目の和が5になる確率を求めよ。

JUMP 11 大中小3個のさいころを同時に投げるとき，3個とも異なる目が出る確率を求めよ。

12 事象と確率(2)

例題 20 いろいろな事象の確率(2)

a, b, c, d, e の 5 人が横 1 列に並ぶ順番をくじで決めるとき，a が 1 番目，b が 3 番目になる確率を求めよ。

5 人が横 1 列に並ぶ順番の総数は　${}_5P_5 = 5!$（通り）
「a が 1 番目，b が 3 番目になる」場合は，a, b 以外の 3 人の並び方の総数だけあるから　${}_3P_3 = 3!$（通り）
よって，求める確率は　$\dfrac{3!}{5!} = \dfrac{3\cdot2\cdot1}{5\cdot4\cdot3\cdot2\cdot1} = \mathbf{\dfrac{1}{20}}$

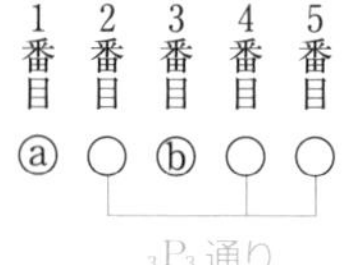

例題 21 いろいろな事象の確率(3)

1 から 9 までの番号が書かれた 9 枚のカードから 2 枚のカードを同時に引くとき，次の確率を求めよ。
(1) 番号が 2 枚とも偶数である確率
(2) 番号が 1 枚は偶数，1 枚は奇数である確率

(1) 9 枚のカードの中から 2 枚を同時に引く引き方は　${}_9C_2$ 通り
引いたカードの番号が「2 枚とも偶数である」引き方は ${}_4C_2$ 通り
よって，求める確率は　$\dfrac{{}_4C_2}{{}_9C_2} = \dfrac{6}{36} = \mathbf{\dfrac{1}{6}}$

←[2] [4] [6] [8]
この 4 枚から 2 枚引く引き方は
${}_4C_2 = 6$（通り）

(2) 引いたカードの番号が「1 枚は偶数，1 枚は奇数である」引き方は　${}_4C_1 \times {}_5C_1$ 通り
よって，求める確率は　$\dfrac{{}_4C_1 \times {}_5C_1}{{}_9C_2} = \dfrac{20}{36} = \mathbf{\dfrac{5}{9}}$

←[2] [4] [6] [8]
この 4 枚から 1 枚引く引き方は
${}_4C_1 = 4$（通り）
[1] [3] [5] [7] [9]
この 5 枚から 1 枚引く引き方は
${}_5C_1 = 5$（通り）

類題

71 1, 2, 3, 4, 5 の 5 個の数字をすべて使って 5 桁の整数をつくるとき，次の確率を求めよ。
(1) 5 桁の整数が 5 の倍数となる確率

(2) 1 と 2 が一万の位と一の位にある整数となる確率

72 赤球 4 個，白球 5 個が入っている袋から，2 個の球を同時に取り出すとき，次の確率を求めよ。
(1) 白球 2 個を取り出す確率

(2) 赤球 1 個，白球 1 個を取り出す確率

73 男子 4 人，女子 2 人が横 1 列に並ぶ順番をくじで決めるとき，次の確率を求めよ。

(1) 女子が両端に並ぶ確率

(2) 男子 4 人が隣り合う確率

74 1 から 11 までの番号が書かれた 11 枚のカードから 3 枚のカードを同時に引くとき，次の確率を求めよ。

(1) 番号が 3 枚とも奇数である確率

(2) 番号が 2 枚は偶数，1 枚は奇数である確率

75 a，b，c，d，e，f，g の 7 人が横 1 列に並ぶ順番をくじで決めるとき，次の確率を求めよ。

(1) a，b，c すべてが隣り合う確率

(2) d の両隣に e，f が並ぶ確率

76 赤球 3 個，白球 4 個，青球 5 個が入っている袋から，3 個の球を同時に取り出すとき，次の確率を求めよ。

(1) 3 個とも異なる色の球を取り出す確率

(2) 赤球をちょうど 2 個取り出す確率

JUMP 12 1 組のトランプの絵札（番号が 11，12，13（J，Q，K）のもの）12 枚から 2 枚のカードを同時に引くとき，2 枚のカードが番号もスート（マーク（♣♦♥♠）のこと）も異なる確率を求めよ。

13 確率の基本性質(1)

例題 22 確率の加法定理

男子4人，女子3人の中から2人の委員を選ぶとき，2人とも男子または2人とも女子が選ばれる確率を求めよ。

解 「2人とも男子が選ばれる」事象をA，「2人とも女子が選ばれる」事象をBとすると

$$P(A)=\frac{{}_4C_2}{{}_7C_2}=\frac{6}{21},\ P(B)=\frac{{}_3C_2}{{}_7C_2}=\frac{3}{21}$$

「2人とも男子または2人とも女子が選ばれる」事象は，AとBの和事象 $A\cup B$ であり，AとBは互いに排反である。
よって，求める確率は

$$P(A\cup B)=P(A)+P(B)=\frac{6}{21}+\frac{3}{21}=\frac{9}{21}=\boldsymbol{\frac{3}{7}}$$

▶積事象・和事象
2つの事象A，Bに対し，
積事象 $A\cap B$
…AとBがともに起こる事象
和事象 $A\cup B$
…AまたはBが起こる事象

▶排反事象
事象A，Bが同時には起こらないとき（$A\cap B=\varnothing$ のとき），
AとBは互いに排反であるという。

▶確率の加法定理
AとBが互いに排反のとき
$\boldsymbol{P(A\cup B)=P(A)+P(B)}$

例題 23 一般の和事象の確率

1から50までの番号が1つずつ書かれた50枚のカードがある。この中から1枚のカードを引くとき，「番号が3の倍数である」事象をA，「番号が5の倍数である」事象をBとする。このとき，次の確率を求めよ。

(1) $P(A\cap B)$　　(2) $P(A\cup B)$

(1) 積事象 $A\cap B$ は，3と5の最小公倍数15の倍数である事象であるから　$A\cap B=\{15\times1,\ 15\times2,\ 15\times3\}$

よって，$n(A\cap B)=3$ より，求める確率は　$P(A\cap B)=\boldsymbol{\frac{3}{50}}$

(2) 事象A，Bは次のように表される。

$A=\{3\times1,\ 3\times2,\ \cdots\cdots,\ 3\times16\}$，$B=\{5\times1,\ 5\times2,\ \cdots\cdots,\ 5\times10\}$

よって，$n(A)=16$，$n(B)=10$ より $P(A)=\frac{16}{50}$，$P(B)=\frac{10}{50}$

したがって，求める確率は

$$P(A\cup B)=P(A)+P(B)-P(A\cap B)=\frac{16}{50}+\frac{10}{50}-\frac{3}{50}=\boldsymbol{\frac{23}{50}}$$

▶一般の和事象の確率
$\boldsymbol{P(A\cup B)}$
$\boldsymbol{=P(A)+P(B)-P(A\cap B)}$

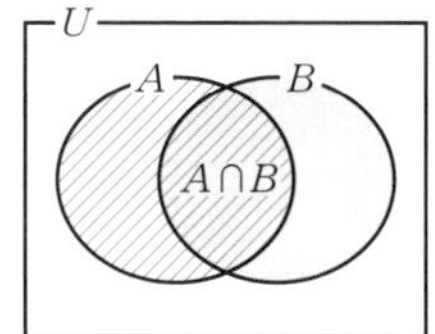

類題

77 赤球3個，白球6個が入っている袋から，2個の球を同時に取り出すとき，2個とも同じ色の球を取り出す確率を求めよ。

78 A組5人，B組4人の生徒から3人の代表を選ぶとき，3人とも同じ組の生徒が選ばれる確率を求めよ。

79 1から11までの番号が1つずつ書かれた11枚のカードがある。この中から2枚のカードを同時に引くとき，引いたカードの番号の和が偶数になる確率を求めよ。

80 1組52枚のトランプから1枚のカードを引くとき，「ハートのカードである」事象をA，「絵札である」事象をBとする。このとき，次の確率を求めよ。

(1) $P(A\cap B)$

(2) $P(A\cup B)$

81 赤球2個，白球3個，青球4個が入っている袋から，2個の球を同時に取り出すとき，異なる色の球を取り出す確率を求めよ。

82 1から150までの番号が1つずつ書かれた150枚のカードがある。この中から1枚のカードを引くとき，引いたカードの番号が4の倍数または10の倍数である確率を求めよ。

JUMP 13 1から5までの番号が1つずつ書かれたカードが，各番号3枚ずつ合計15枚ある。この中から2枚のカードを同時に引くとき，「2枚が同じ番号である」事象をA，「2枚の番号の和が4以下である」事象をBとする。このとき，次の確率を求めよ。 (1) $P(A\cap B)$ (2) $P(A\cup B)$

14 確率の基本性質(2)

例題 24 余事象の確率

男子 4 人，女子 3 人の中から 3 人の委員を選ぶとき，少なくとも 1 人は女子が選ばれる確率を求めよ。

▶余事象

「A が起こらない」という事象を事象 A の余事象といい，$\overline{A}$ で表す。

$P(\overline{A})=1-P(A)$

$P(A)=1-P(\overline{A})$

解 「少なくとも 1 人は女子が選ばれる」事象を A とすると，「3 人とも男子が選ばれる」事象は，事象 A の余事象 $\overline{A}$ である。

7 人の中から 3 人の委員を選ぶ選び方は ${}_7C_3=35$（通り），

3 人とも男子が選ばれる選び方は ${}_4C_3=4$（通り）

よって，事象 $\overline{A}$ が起こる確率 $P(\overline{A})$ は $P(\overline{A})=\dfrac{{}_4C_3}{{}_7C_3}=\dfrac{4}{35}$

したがって，求める確率は $P(A)=1-P(\overline{A})=1-\dfrac{4}{35}=\mathbf{\dfrac{31}{35}}$

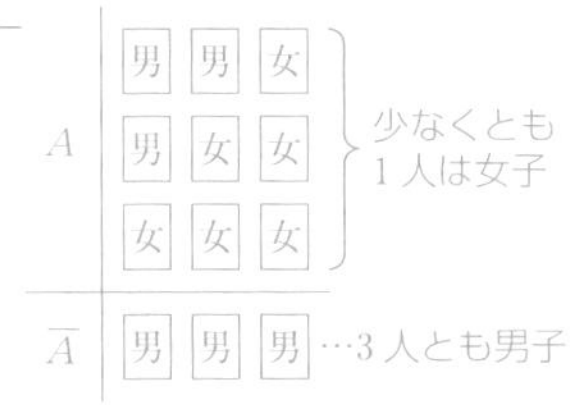

「少なくとも○○」の場合の確率を求めるとき，余事象を考えると便利なことがある。

例題 25 身近な確率

a，b，c の 3 人がじゃんけんを 1 回するとき，次の確率を求めよ。

(1) a だけが負ける確率

(2) 2 人が勝つ確率

解 (1) 3 人の手の出し方の総数は　$3^3=27$（通り）

「a だけが負ける」事象を A とする。事象 A が起こる場合は，a がグー，チョキ，パーのそれぞれで負ける 3 通りがある。

←a，b，c の 3 人はそれぞれグー，チョキ，パーの 3 通りの出し方がある

よって，求める確率は　$P(A)=\dfrac{3}{3^3}=\dfrac{3}{27}=\mathbf{\dfrac{1}{9}}$

(2) 「2 人が勝つ」事象を B とする。3 人のうち勝つ 2 人の選び方が ${}_3C_2$ 通りで，このそれぞれの場合について，勝ち方はグー，チョキ，パーの 3 通りずつある。

よって，求める確率は　$P(B)=\dfrac{{}_3C_2\times 3}{3^3}=\dfrac{3\times 3}{27}=\mathbf{\dfrac{1}{3}}$

類題

83 1 から 40 までの番号が 1 つずつ書かれた 40 枚のカードがある。この中から 1 枚のカードを引くとき，引いたカードの番号が 7 の倍数でない確率を求めよ。

84 4 本の当たりくじを含む 9 本のくじがある。このくじから 3 本のくじを同時に引くとき，次の確率を求めよ。

(1) 3 本ともはずれる確率

(2) 少なくとも 1 本は当たる確率

85 1から50までの番号が1つずつ書かれた50枚のカードがある。この中から1枚のカードを引くとき，引いたカードの番号が45の約数でない確率を求めよ。

86 赤球5個，白球6個が入っている袋から，4個の球を同時に取り出すとき，少なくとも1個は赤球である確率を求めよ。

87 大中小3個のさいころを同時に投げるとき，目の積が偶数になる確率を求めよ。

88 男子4人，女子6人の中から4人の代表を選ぶとき，女子が2人以上選ばれる確率を求めよ。

89 a，b，c，dの4人がじゃんけんを1回するとき，次の確率を求めよ。

(1) aとbの2人だけが勝つ確率

(2) 2人が勝つ確率

JUMP 14 a，b，c，dの4人がじゃんけんを1回するとき，あいこになる確率を求めよ。

まとめの問題　場合の数と確率③

1　大小2個のさいころを同時に投げるとき，次の確率を求めよ。

(1)　目の和が5の倍数になる確率

(2)　目の積が奇数になる確率

2　赤球5個，白球6個，青球3個が入っている袋から，4個の球を同時に取り出すとき，次の確率を求めよ。

(1)　赤球2個，白球2個を取り出す確率

(2)　青球がちょうど1個含まれるように取り出す確率

3　大中小3個のさいころを同時に投げるとき，目の積が6になる確率を求めよ。

4　1から7までの7個の数字をすべて使って7桁の整数をつくるとき，次の確率を求めよ。

(1)　各位の数に奇数と偶数が交互に並ぶ確率

(2)　百万の位と一の位の数が偶数となる確率

(3)　7300000より大きい数となる確率

5 赤球3個，白球5個，青球4個が入っている袋から，3個の球を同時に取り出すとき，次の確率を求めよ。

(1) 白球3個または青球3個を取り出す確率

(2) 赤球を2個以上取り出す確率

(3) 少なくとも1個は青球を取り出す確率

6 1から200までの番号が1つずつ書かれた200枚のカードがある。この中から1枚のカードを引くとき，引いたカードの番号が6の倍数または9の倍数である確率を求めよ。

7 a，b，c，d，eの5人がじゃんけんを1回するとき，次の確率を求めよ。

(1) a，b，cの3人だけが勝つ確率

(2) 3人が勝つ確率

15 独立な試行の確率

例題 26 独立な試行の確率

赤球 4 個，白球 2 個が入っている袋 A と，赤球 5 個，白球 3 個が入っている袋 B がある。A，B の袋から球を 1 個ずつ取り出すとき，次の確率を求めよ。

(1) A から赤球，B から白球を取り出す確率

(2) 異なる色の球を取り出す確率

▶試行の独立
いくつかの試行において，どの試行も他の試行の結果に影響を及ぼさないとき，これらの試行は互いに独立であるという。

▶独立な試行の確率
互いに独立な試行 S と T において，S で事象 A が起こり，T で事象 B が起こる確率は
$P(A)\times P(B)$

解 袋 A から赤球を取り出す確率は $\frac{4}{6}=\frac{2}{3}$

白球を取り出す確率は $\frac{2}{6}=\frac{1}{3}$

袋 B から赤球を取り出す確率は $\frac{5}{8}$

白球を取り出す確率は $\frac{3}{8}$

(1) 袋 A から球を取り出す試行と袋 B から球を取り出す試行は，互いに独立である。

よって，求める確率は $\frac{2}{3}\times\frac{3}{8}=\boldsymbol{\frac{1}{4}}$

(2) 袋 A から白球，袋 B から赤球を取り出す確率は

$\frac{1}{3}\times\frac{5}{8}=\frac{5}{24}$

この事象と(1)の事象は互いに排反であるから，求める確率は

$\frac{1}{4}+\frac{5}{24}=\boldsymbol{\frac{11}{24}}$

類題

90 大小 2 個のさいころを同時に投げるとき，大きいさいころは偶数の目が出て，小さいさいころは 4 以下の目が出る確率を求めよ。

91 赤球 4 個，白球 5 個が入っている袋 A と，赤球 7 個，白球 3 個が入っている袋 B がある。A，B の袋から球を 1 個ずつ取り出すとき，次の確率を求めよ。

(1) A から赤球，B から白球を取り出す確率

(2) 同じ色の球を取り出す確率

92 1個のさいころを続けて3回投げるとき，1回目，2回目は1以外の目が出て，3回目は素数の目が出る確率を求めよ。

93 3本の当たりくじを含む10本のくじが入った箱Aと，4本の当たりくじを含む12本のくじが入った箱Bがある。A，Bからくじを1本ずつ引くとき，1本だけ当たる確率を求めよ。

94 1から9までの番号が1つずつ書かれた9枚のカードが入っている箱Aと，1から7までの番号が1つずつ書かれた7枚のカードが入っている箱Bがある。A，Bの箱からカードを1枚ずつ取り出すとき，番号の和が奇数となる確率を求めよ。

95 赤球1個，白球4個が入っている袋Aと，赤球5個，白球2個が入っている袋Bがある。Aの袋から球を1個，Bの袋から球を2個取り出すとき，すべて同じ色の球を取り出す確率を求めよ。

96 サッカーのPK戦でa，b，cの3選手がキックするとき，成功する確率がそれぞれ $\frac{3}{4}$，$\frac{3}{5}$，$\frac{5}{6}$ であるという。この3人が1回ずつキックするとき，次の確率を求めよ。

(1) 3人ともキックを成功させる確率

(2) 2人だけがキックを成功させる確率

JUMP 15 1から5までの数字が1つずつ書かれた5枚のカードが入っている箱から，1枚のカードを取り出して数字を確認した後，もとにもどす。次に箱から2枚のカードを取り出して数字を確認する。このとき，取り出した3つの数字の積が偶数となる確率を求めよ。

16 反復試行の確率

例題 27 反復試行の確率

1から5までの番号が1つずつ書かれた5枚のカードから1枚のカードを引いて番号を確認した後，もとにもどす。これを4回くり返すとき，次の確率を求めよ。

(1) 偶数のカードがちょうど3回出る確率

(2) 偶数のカードが3回以上出る確率

(3) 4回目に2度目の偶数のカードが出る確率

▶反復試行の確率

1回の試行において事象 A の起こる確率を p とするとき，この試行を n 回くり返す反復試行で，事象 A がちょうど r 回起こる確率は

$${}_n\mathrm{C}_r p^r(1-p)^{n-r}$$

(1) カードを1回引くとき，偶数のカードが出る確率は $\dfrac{2}{5}$

また，「4回のうち偶数のカードが3回出る」事象を A とすると，残りの1回は奇数のカードが出るから，求める確率は

$$P(A)={}_4\mathrm{C}_3\left(\frac{2}{5}\right)^3\left(1-\frac{2}{5}\right)^{4-3}=4\times\frac{8}{125}\times\frac{3}{5}=\boldsymbol{\frac{96}{625}}$$

4回中3回 / 奇数が残りの1回 / 偶数が3回

$${}_4\mathrm{C}_3\left(\frac{2}{5}\right)^3\left(1-\frac{2}{5}\right)^{4-3}$$

(2) 「4回とも偶数が出る」事象を B とすると，「偶数が3回以上出る」事象は，和事象 $A\cup B$ である。ここで，

$$P(B)={}_4\mathrm{C}_4\left(\frac{2}{5}\right)^4=\frac{16}{625}$$

であり，A と B は互いに排反であるから，求める確率は

$$P(A\cup B)=P(A)+P(B)=\frac{96}{625}+\frac{16}{625}=\boldsymbol{\frac{112}{625}}$$

(3) 3回目までに偶数のカードが1回，奇数のカードが2回出て，4回目に偶数のカードが出る事象であるから，求める確率は

$${}_3\mathrm{C}_1\left(\frac{2}{5}\right)^1\left(\frac{3}{5}\right)^{3-1}\times\frac{2}{5}=\boldsymbol{\frac{108}{625}}$$

類題

97 1から3までの番号が1つずつ書かれた3枚のカードから1枚のカードを引いて番号を確認した後，もとにもどす。これを5回くり返すとき，1のカードがちょうど2回出る確率を求めよ。

98 1個のさいころを続けて6回投げるとき，偶数の目が5回以上出る確率を求めよ。

99 赤球3個，白球6個が入っている袋から，1個の球を取り出して色を確認した後，もとにもどす。これを4回くり返すとき，赤球がちょうど2回出る確率を求めよ。

100 1枚の硬貨を続けて6回投げるとき，次の確率を求めよ。

(1) 表がちょうど4回出る確率

(2) 表の出る回数が1回以下である確率

101 1個のさいころを続けて5回投げるとき，次の確率を求めよ。

(1) 5以上の目がちょうど3回出る確率

(2) 4以下の目が3回以上出る確率

102 1枚の硬貨を投げて，表か裏かによって数直線上を動く点Pがある。点Pは原点から出発し，出た硬貨の面が表なら $+5$，裏なら -3 だけ動く。硬貨を7回投げるとき，点Pの座標が3になる確率を求めよ。

JUMP 16 a，bの2人が試合を行うとき，各試合でaが勝つ確率は $\frac{3}{4}$ であるという。先に3勝した方を優勝とするとき，bが優勝する確率を求めよ。ただし，引き分けはないものとする。

17 条件つき確率と乗法定理

例題 28 条件つき確率

ある高校の男子，女子の生徒数は右の表の通りである。この 265 人の中から 1 人の生徒を選ぶとき，「男子である」事象を A，「1 年生である」事象を B とする。このとき，次の確率を求めよ。

	男子	女子
1 年生	60	70
2 年生	72	63

(1) $P(A\cap B)$　　(2) $P_A(B)$

▶条件つき確率
事象 A が起こったときの事象 B の起こる条件つき確率
$$P_A(B)=\frac{n(A\cap B)}{n(A)}$$

解 (1) $A\cap B$ は，「男子で 1 年生である」事象であるから

$$P(A\cap B)=\frac{60}{265}=\mathbf{\frac{12}{53}}$$

(2) $n(A)=60+72=132$，$n(A\cap B)=60$ であるから

$$P_A(B)=\frac{n(A\cap B)}{n(A)}=\frac{60}{132}=\mathbf{\frac{5}{11}}$$

←選んだ生徒が男子であったとき，その生徒が 1 年生である確率

例題 29 乗法定理

3 本の当たりくじを含む 12 本のくじがある。a，b の 2 人がこの順にくじを 1 本ずつ引くとき，a，b が当たる確率をそれぞれ求めよ。ただし，引いたくじはもとにもどさないものとする。

▶確率の乗法定理
$$P(A\cap B)=P(A)P_A(B)$$

解 「a が当たる」事象を A とすると　$P(A)=\frac{3}{12}=\mathbf{\frac{1}{4}}$

「b が当たる」事象を B とすると，事象 B は次の 2 つの事象

「a が当たり，b も当たる」事象 $A\cap B$

「a がはずれ，b が当たる」事象 $\overline{A}\cap B$

の和事象であり，これらの事象は互いに排反である。

ここで，$P(A\cap B)=P(A)P_A(B)=\frac{3}{12}\times\frac{2}{11}=\frac{1}{22}$

$P(\overline{A}\cap B)=P(\overline{A})P_{\overline{A}}(B)=\frac{9}{12}\times\frac{3}{11}=\frac{9}{44}$

よって　$P(B)=P(A\cap B)+P(\overline{A}\cap B)=\frac{1}{22}+\frac{9}{44}=\mathbf{\frac{1}{4}}$

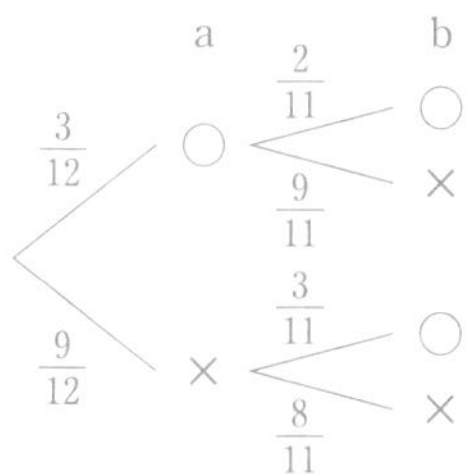

類題

103 数学，英語の試験で，合否の人数は下の表の通りであった。この中から 1 人を選ぶとき，「数学の合格者である」事象を A，「英語の合格者である」事象を B とする。このとき，次の確率を求めよ。

数学＼英語	合	否
合	24	18
否	41	17

(1) $P(A\cap B)$

(2) $P_B(A)$

104 箱の中に1から5の番号のついた5個の赤球と，6から11の番号のついた6個の白球が入っている。この箱から球を1個取り出すとき，「白球である」事象をA，「偶数が書いてある」事象をBとする。このとき，次の確率を求めよ。

(1) $P(A\cap B)$

(2) $P_A(B)$

(3) $P_{\overline{A}}(B)$

105 4本の当たりくじを含む10本のくじがある。a，bの2人がこの順にくじを1本ずつ引くとき，次の確率を求めよ。ただし，引いたくじはもとにもどさないものとする。

(1) 2人とも当たる確率

(2) bが当たる確率

106 赤球5個，白球7個が入っている箱から，a，bの2人がこの順に球を1個ずつ取り出すとき，次の確率を求めよ。ただし，取り出した球はもとにもどさないものとする。

(1) bが赤球を取り出す確率

(2) a，bの一方だけが赤球を取り出す確率

107 赤球2個，白球3個が入っている箱Aと，赤球1個，白球5個が入っている箱Bがある。Aから球を1個取り出してBに入れ，よく混ぜてBから球を1個取り出してAに入れる。このとき，Aの中の赤球と白球の個数が最初と変わらない確率を求めよ。

JUMP 17 箱の中に赤球6個，白球4個が入っている。この箱から球を1個取り出し，もとにもどさずに球をもう1個取り出す。2回目に取り出した球が白球であるとき，1回目に取り出した球が赤球であった条件つき確率を求めよ。

18 期待値

例題 30 期待値(1)

あるくじの総本数は 100 本であり，右の表のような賞金がついている。このくじを 1 本引くときの賞金の期待値を求めよ。

	賞金	本数
1 等	1000 円	5 本
2 等	500 円	10 本
3 等	200 円	20 本
4 等	0 円	65 本

▶期待値

X の値	x_1	x_2	……	x_n	計
確率	p_1	p_2	……	p_n	1

$x_1p_1+x_2p_2+\cdots\cdots+x_np_n$
の値を X の期待値という。

解 1 等，2 等，3 等，4 等である確率は，それぞれ $\frac{5}{100}$，$\frac{10}{100}$，$\frac{20}{100}$，$\frac{65}{100}$

よって，求める期待値は

$$1000\times\frac{5}{100}+500\times\frac{10}{100}+200\times\frac{20}{100}+0\times\frac{65}{100}=\mathbf{140}\ \textbf{(円)}$$

例題 31 期待値(2)

100 円硬貨 3 枚を同時に投げて，表の出た硬貨がもらえるとき，もらえる金額の期待値を求めよ。

解 表が出る枚数とその確率は

3 枚 $\frac{{}_3C_3}{2^3}=\frac{1}{8}$，　2 枚 $\frac{{}_3C_2}{2^3}=\frac{3}{8}$

1 枚 $\frac{{}_3C_1}{2^3}=\frac{3}{8}$，　0 枚 $\frac{{}_3C_0}{2^3}=\frac{1}{8}$

したがって，もらえる金額とその確率は，右の表のようになる。

金額	300 円	200 円	100 円	0 円	計
確率	$\frac{1}{8}$	$\frac{3}{8}$	$\frac{3}{8}$	$\frac{1}{8}$	1

よって，求める期待値は

$$300\times\frac{1}{8}+200\times\frac{3}{8}+100\times\frac{3}{8}+0\times\frac{1}{8}=\mathbf{150}\ \textbf{(円)}$$

類題

108 あるくじの総本数は 100 本であり，右の表のような賞金がついている。このくじを 1 本引くときの賞金の期待値を求めよ。

	賞金	本数
1 等	10000 円	2 本
2 等	5000 円	3 本
3 等	1000 円	15 本
4 等	0 円	80 本

109 さいころを 1 回投げて，1 の目が出たら 150 点，偶数の目が出たら 50 点もらえるとする。このとき，得点の期待値を求めよ。

110 赤球4個，白球3個，青球3個が入った袋から，1個の球を取り出し，赤球ならば100点，白球ならば50点，青球ならば10点もらえるとする。このとき，得点の期待値を求めよ。

111 赤球3個，白球2個が入った箱から，2個の球を同時に取り出す。このとき，取り出した赤球の個数の期待値を求めよ。

112 50円硬貨3枚を同時に投げて，表の出た硬貨がもらえるとき，もらえる金額の期待値を求めよ。

113 1，2の数字が1つずつ書かれた2枚のカードから，1枚のカードを引き，書かれた数字を確認して，もとにもどす。これを2回くり返すとき，引いたカードに書かれた数字の和の期待値を求めよ。

114 大小2個のさいころを同時に投げて，同じ目が出れば300点，2つの目の差が1のときは90点もらえるとする。このとき，得点の期待値を求めよ。

115 大小2個のさいころを同時に投げて，目の和が10以上であれば500円もらえるゲームがある。このゲームの参加料が100円であるとき，このゲームに参加することは有利といえるか。

JUMP 18 1から5の番号が1つずつ書かれた5枚のカードから，2枚のカードを同時に引くとき，小さい方の番号の期待値を求めよ。

まとめの問題　場合の数と確率④

1　3 本の当たりくじを含む 9 本のくじが入った箱 A と，2 本の当たりくじを含む 14 本のくじが入った箱 B がある。A，B からくじを 1 本ずつ引くとき，次の確率を求めよ。

(1)　A，B のくじのどちらか一方だけが当たる確率

(2)　A，B のくじが両方とも当たるか，または両方ともはずれる確率

2　ボウリングでストライクを出すのが，a さんは平均して 6 回中 1 回，b さんは平均して 5 回中 2 回，c さんは平均して 8 回中 3 回である。この 3 人が 1 回ずつ投げるとき，次の確率を求めよ。

(1)　a さんだけがストライクを出す確率

(2)　2 人以上がストライクを出す確率

3　1 個のさいころを続けて 5 回投げるとき，次の確率を求めよ。

(1)　5 以上の目が 3 回以上出る確率

(2)　5 回目に 3 度目の 5 以上の目が出る確率

4 あるクラスの生徒の通学方法は，下の表の通りであった。この中から1人の生徒を選ぶとき，「自転車通学者である」事象を A，「男子である」事象を B とする。このとき，次の確率を求めよ。

	男子	女子
自転車	16	11
自転車以外	6	7

(1) $P(A\cap B)$

(2) $P_B(A)$

(3) $P_A(\overline{B})$

5 2本の当たりくじを含む12本のくじがある。a，bの2人がこの順にくじを1本ずつ引く。次の条件のときのa，bが当たる確率をそれぞれ求めよ。

(1) 引いたくじをもとにもどすとき

(2) 引いたくじをもとにもどさないとき

6 赤球3個，白球7個が入った箱から，1個の球を取り出して色を確認した後，もとにもどす。これを2回くり返すとき，2回赤球を取り出せば100点，1回赤球を取り出せば50点もらえる。このとき，得点の期待値を求めよ。

19 平行線と線分の比・線分の内分と外分

例題 32 平行線と線分の比

次の図において，DE // BC のとき，x，y を求めよ。

(1)
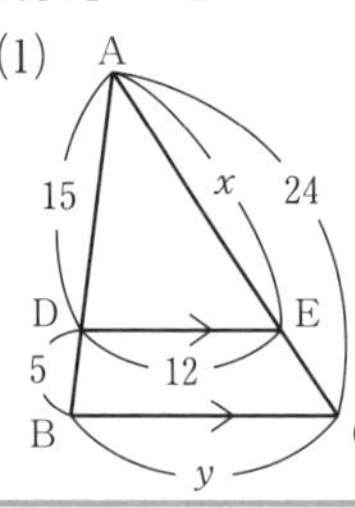

(2)
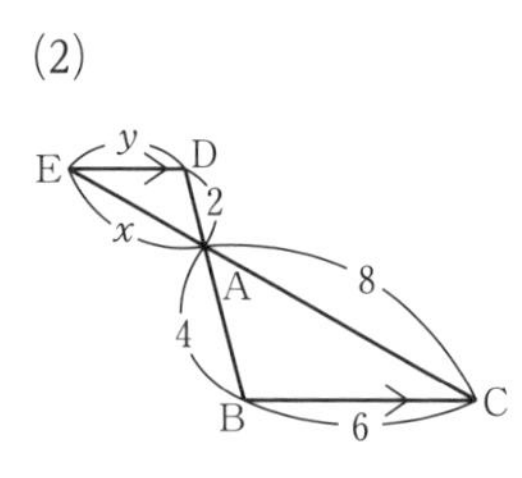

▶平行線と線分の比

△ABC の辺 AB，AC，またはそれらの延長上に，それぞれ点 D，E があるとき，

DE // BC ならば

AD : AB = AE : AC

AD : AB = DE : BC

AD : DB = AE : EC

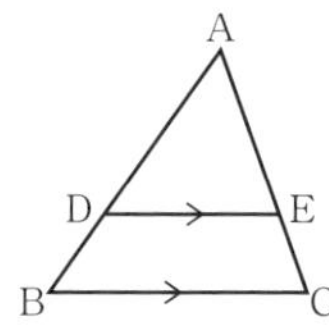

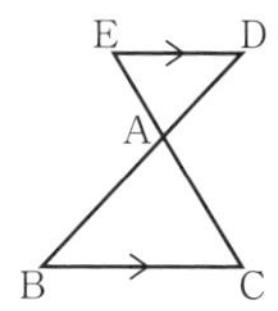

解 (1) AD : AB = AE : AC より　15 : 20 = x : 24

よって　$20x = 15 \times 24$　　したがって　x = **18**

AD : AB = DE : BC より　15 : 20 = 12 : y

よって　$15y = 20 \times 12$　　したがって　y = **16**

別解 (1) AD : DB = AE : EC より　15 : 5 = x : $(24 - x)$

よって　$5x = 15(24 - x)$　　したがって　x = **18**

(2) AD : AB = AE : AC より　2 : 4 = x : 8

よって　$4x = 2 \times 8$　　したがって　x = **4**

AD : AB = DE : BC より　2 : 4 = y : 6

よって　$4y = 2 \times 6$　　したがって　y = **3**

例題 33 線分の内分と外分

右の図の線分 AB において，次の点を図示せよ。　A———B

(1) 2 : 1 に内分する点 P

(2) 2 : 1 に外分する点 Q　　(3) 1 : 2 に外分する点 R

解 (1)　(2)　(3)

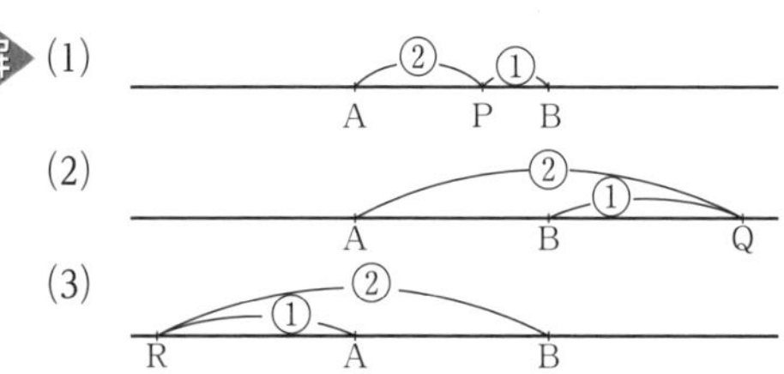

▶線分の内分

点 P は線分 AB を $m : n$ に内分

⟺ 線分 AB 上の点 P が AP : PB = $m : n$

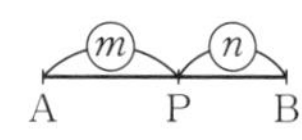

▶線分の外分

点 Q は線分 AB を $m : n$ に外分

⟺ 線分 AB の延長上の点 Q が AQ : QB = $m : n$

$m > n$　　　$m < n$

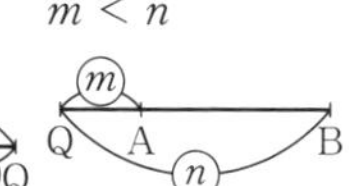

類題

116 次の図において，DE // BC のとき，x，y を求めよ。

(1)
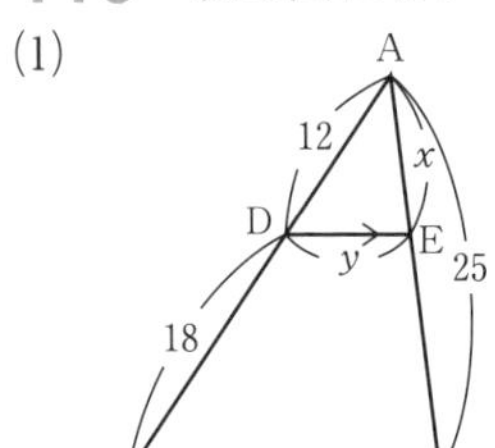

(2)

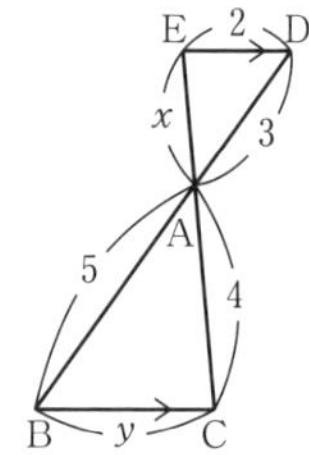

117 次の図において，DE // BC のとき，x，y を求めよ。

(1)

(2)

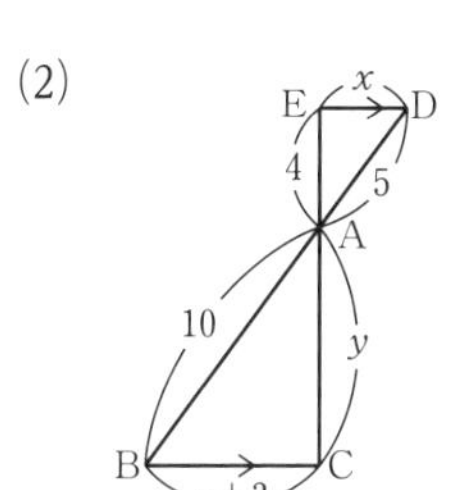

118 下の図の線分 AB において，次の点を図示せよ。

(1) 3：1 に内分する点 P
(2) 3：1 に外分する点 Q
(3) 1：3 に外分する点 R

119 下の図の線分 AB において，次の点を図示せよ。

(1) 1：3 に内分する点 C
(2) 1：1 に内分する点 D
(3) 7：3 に外分する点 E
(4) 1：5 に外分する点 F

120 下の図において，BC // DE // FG のとき，x，y，z を求めよ。

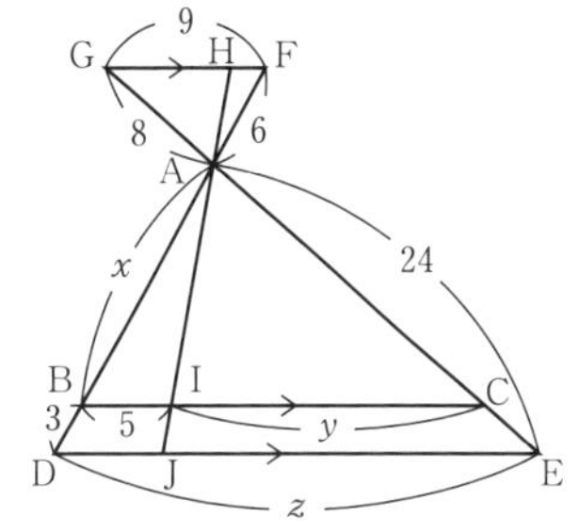

JUMP 19 右の図において，AD // EF // BC のとき，x，y を求めよ。

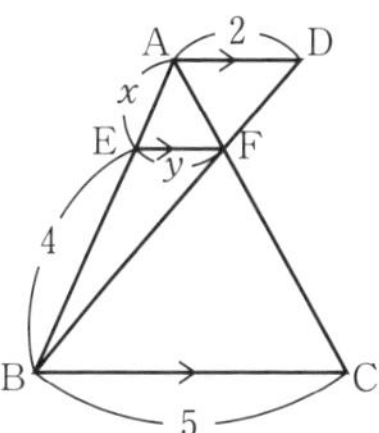

20 角の二等分線と線分の比

例題 34 内角の二等分線と線分の比

右の図の △ABC において，AD が ∠A の二等分線であるとき，線分 BD の長さ x を求めよ。

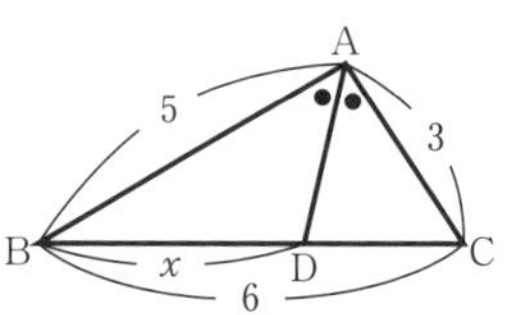

解 BD：DC = AB：AC より

$x:(6-x)=5:3$

よって　$3x=5(6-x)$

したがって　$x=\dfrac{15}{4}$

▶内角の二等分線と線分の比

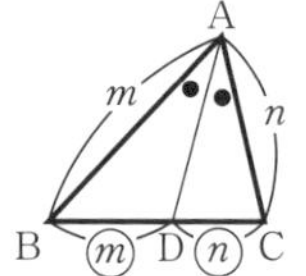

△ABC において，∠A の二等分線と辺 BC の交点を D とする。このとき

BD：DC = AB：AC

例題 35 外角の二等分線と線分の比

右の図の △ABC において，AE が ∠A の外角の二等分線であるとき，線分 CE の長さ x を求めよ。

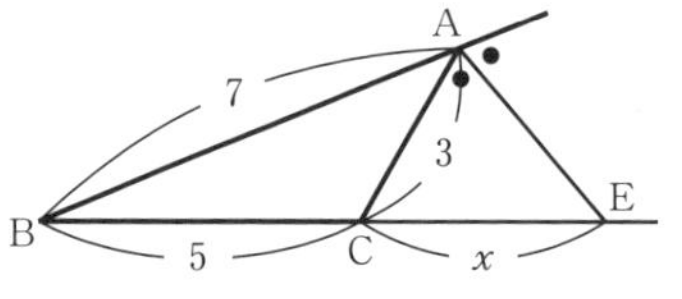

解 BE：EC = AB：AC より

$(5+x):x=7:3$

よって　$7x=3(5+x)$

したがって　$x=\dfrac{15}{4}$

▶外角の二等分線と線分の比

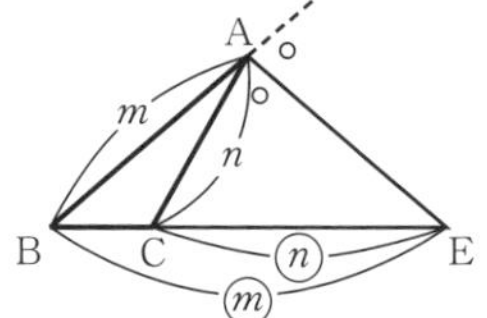

△ABCにおいて，∠A の外角の二等分線と辺 BC の延長との交点を E とする。このとき

BE：EC = AB：AC

類題

121 下の図の △ABC において，AD が ∠A の二等分線であるとき，線分 BD の長さ x を求めよ。

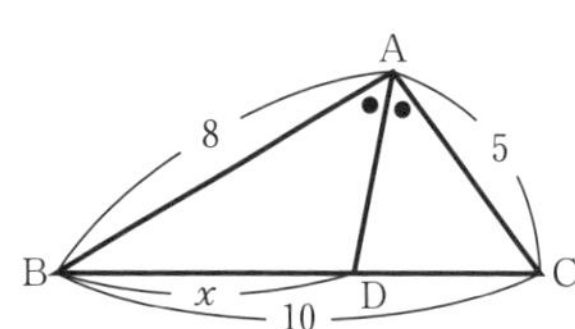

122 下の図の △ABC において，AE が ∠A の外角の二等分線であるとき，線分 CE の長さ x を求めよ。

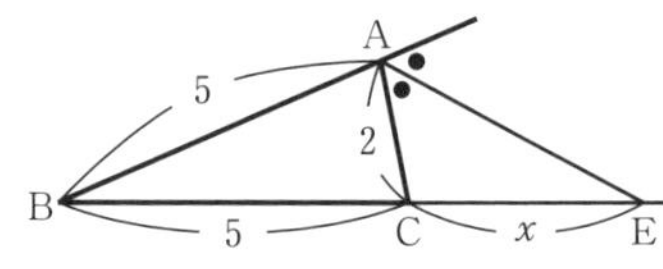

123 下の図の△ABCにおいて，ADが∠Aの二等分線，AEが∠Aの外角の二等分線であるとき，次の線分の長さを求めよ。

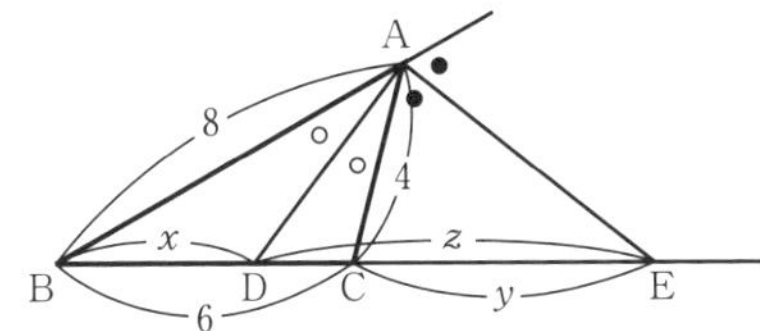

(1) BDの長さ x

(2) CEの長さ y

(3) DEの長さ z

124 下の図の△ABCにおいて，ADが∠Aの二等分線，AEが∠Aの外角の二等分線であるとき，線分DEの長さを求めよ。

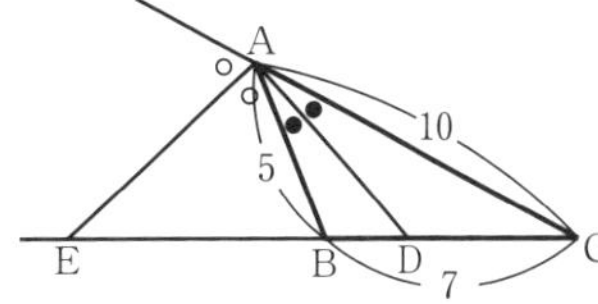

125 下の図の△ABCにおいて，BD，CEがそれぞれ∠B，∠Cの二等分線であるとき，次の線分の長さを求めよ。

(1) AD

(2) BE

JUMP 20 右の図において，MはBCの中点，MDは∠AMBの二等分線である。
AM = AC = 5，BC = 6 のとき，CEの長さを求めよ。

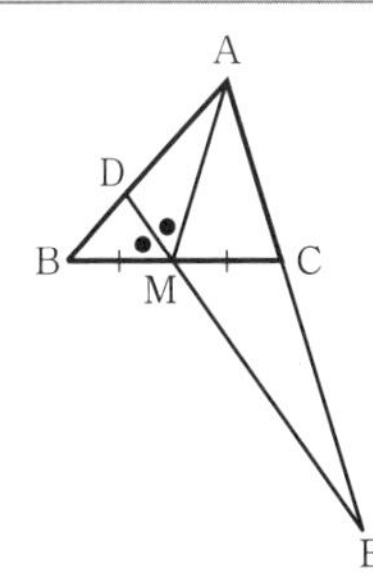

21 三角形の重心・内心・外心

例題 36 三角形の重心

右の図の △ABC において，中線 AL，CM の交点を G とする。
AG = 6 のとき，AL の長さを求めよ。

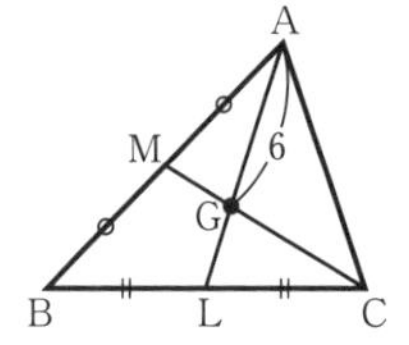

▶三角形の重心
三角形の 3 本の中線は 1 点で交わり，これを重心という。重心はそれぞれの中線を 2：1 に内分する。

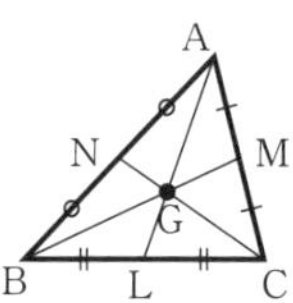

点 G は △ABC の重心であるから，
　AG：GL = 2：1　より　6：GL = 2：1
よって　GL = 3 であるから　AL = AG + GL = 6 + 3 = **9**

例題 37 三角形の内心・外心

次の図において，点 I は △ABC の内心，点 O は △ABC の外心である。このとき，α，β を求めよ。

(1)

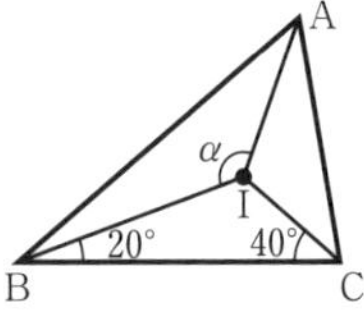

(2)

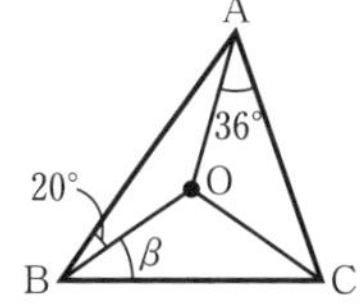

▶三角形の内心
三角形の 3 つの内角の二等分線は 1 点で交わり，これを内心という。内心から各辺までの距離は等しい。

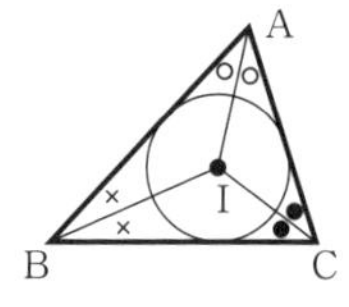

▶三角形の外心
三角形の 3 つの辺の垂直二等分線は 1 点で交わり，これを外心という。外心から各頂点までの距離は等しい。

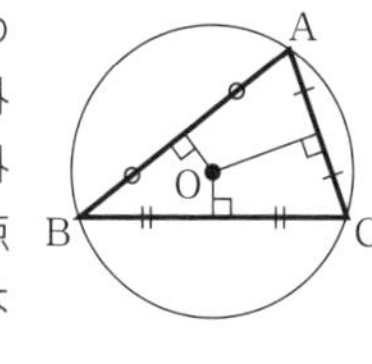

解 (1)　点 I は △ABC の内心だから　∠IBA = ∠IBC = 20°
　　　　　　　　　　　　　　　　　∠ICA = ∠ICB = 40°
　∠BAC = 180° − (∠ABC + ∠ACB)
　　　　= 180° − (20° × 2 + 40° × 2) = 60°
　よって　∠IAB = ∠BAC ÷ 2 = 30°
　したがって　α = 180° − (∠IBA + ∠IAB)
　　　　　　　　= 180° − (20° + 30°) = **130°**

(2)　点 O は △ABC の外心だから　∠OAB = ∠OBA = 20°
　　　　　　　　　　　　　　　　∠OCA = ∠OAC = 36°
　　　　　　　　　　　　　　　　∠OBC = ∠OCB = β

　よって　β = ∠OBC = $\frac{1}{2}$\{180° − (20° × 2 + 36° × 2)\} = **34°**

←△ABC の内角の和は
　20° × 2 + 36° × 2 + β × 2 = 180°

類題

126　下の図の △ABC において，中線 AL，CM の交点を G とする。AG = 8 のとき，AL の長さを求めよ。

127　下の図において，点 I は △ABC の内心である。このとき，θ を求めよ。

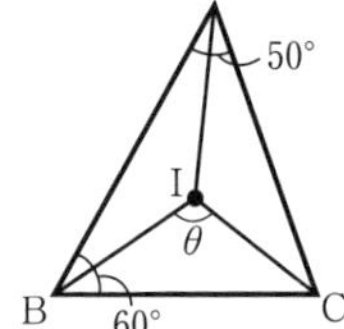

128　右の図において，点Gは△ABCの重心である。BC = 8，AG = BM のとき，AMの長さを求めよ。

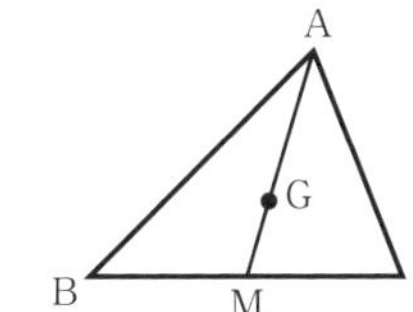

129　次の図において，点Iは△ABCの内心，点Oは△ABCの外心である。このとき，θを求めよ。

(1)

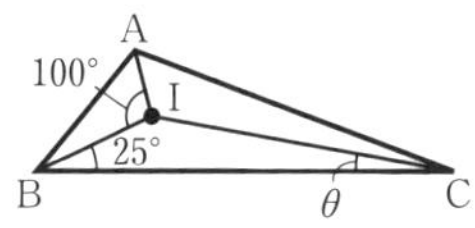

(2)

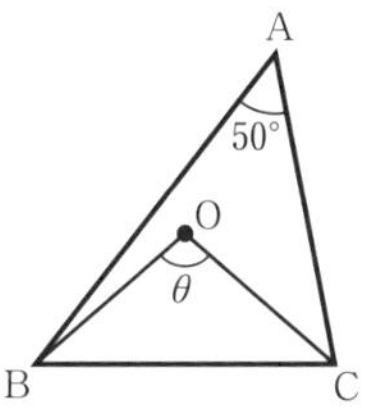

(3)

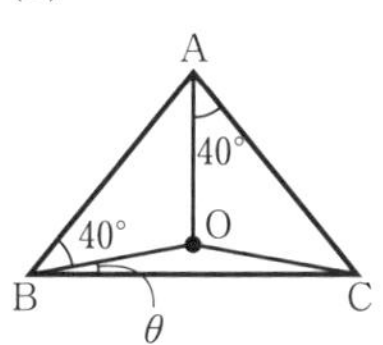

130　下の図において，点Iは△ABCの内心である。このとき，次のものを求めよ。

(1)　BDの長さ

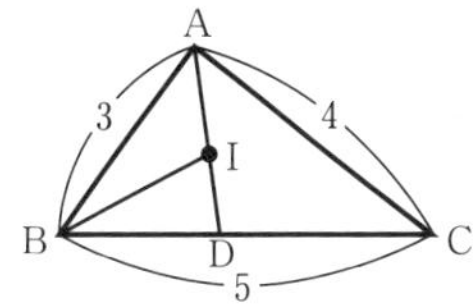

(2)　AI：ID

131　右の図の平行四辺形ABCDにおいて，BC，CDの中点をそれぞれE，Fとする。BD = 9 のとき，PQの長さを求めよ。

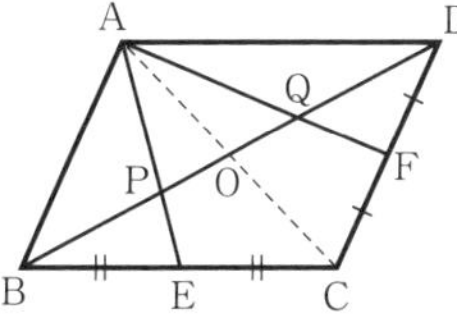

JUMP 21　右の図において，点Gは∠A = 90° の直角三角形ABCの重心である。BC = 9 のとき，AGの長さを求めよ。

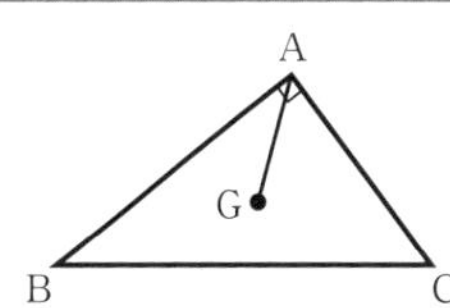

22 メネラウスの定理，チェバの定理

例題 38 メネラウスの定理

右の図の △ABC において，
AQ：QC を求めよ。

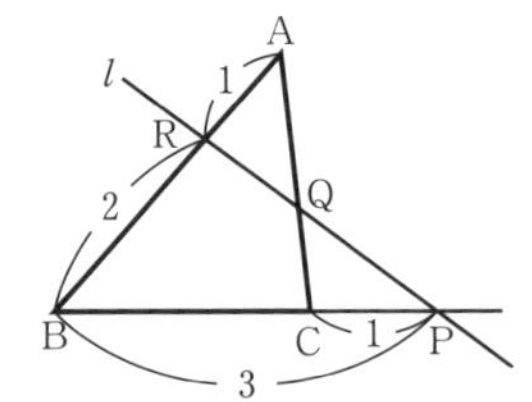

解 メネラウスの定理より

$$\frac{3}{1}\cdot\frac{CQ}{QA}\cdot\frac{1}{2}=1$$

ゆえに　$\dfrac{CQ}{QA}=\dfrac{2}{3}$

よって　AQ：QC＝**3：2**　←$\dfrac{a}{b}=\dfrac{c}{d}$ のとき $a:b=c:d$

▶メネラウスの定理

△ABC の頂点を通らない直線 l が，辺 BC，CA，AB またはその延長と交わる点をそれぞれ P，Q，R とするとき，次の式が成り立つ。

$$\frac{BP}{PC}\cdot\frac{CQ}{QA}\cdot\frac{AR}{RB}=1$$

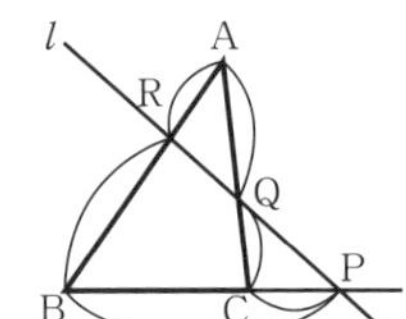

例題 39 チェバの定理

右の図の △ABC において，
AR：RB を求めよ。

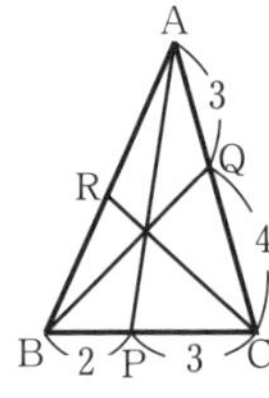

解 チェバの定理より

$$\frac{2}{3}\cdot\frac{4}{3}\cdot\frac{AR}{RB}=1$$

ゆえに　$\dfrac{AR}{RB}=\dfrac{9}{8}$

よって　AR：RB＝**9：8**

▶チェバの定理

△ABC の 3 辺 BC，CA，AB 上にそれぞれ点 P，Q，R があり，3 直線 AP，BQ，CR が 1 点 S で交わるとき，次の式が成り立つ。

$$\frac{BP}{PC}\cdot\frac{CQ}{QA}\cdot\frac{AR}{RB}=1$$

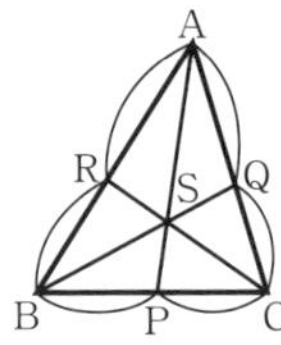

類題

132 右の図の △ABC において，AQ：QC を求めよ。

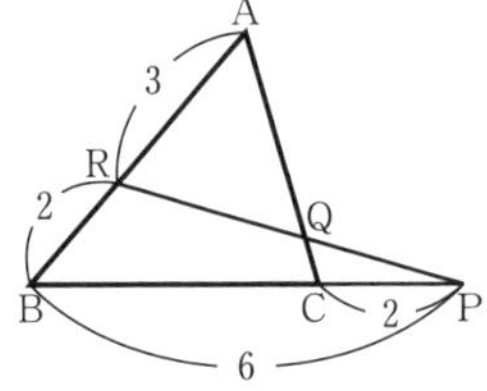

133 右の図の △ABC において，AQ：QC を求めよ。

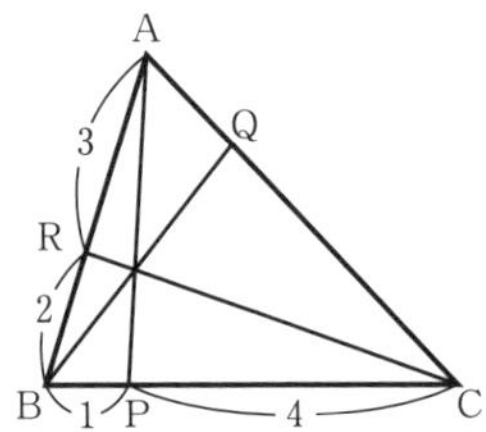

134 次の問いに答えよ。

(1) 右の図の △ABC において，
AR：RB＝3：1
BP：BC＝1：2
である。このとき，
AQ：QC を求めよ。

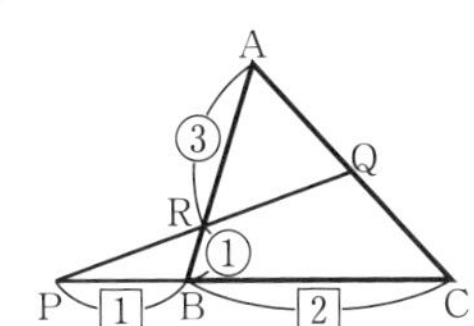

(2) 右の図の △ABC において，
BP：PC＝1：1
CQ：QA＝3：4
である。このとき，
AR：RB を求めよ。

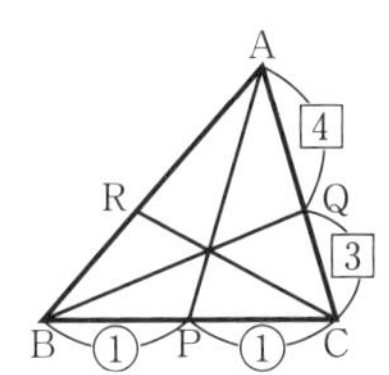

135 右の図の △ABC において，AB を 3：2 に内分する点を D，AC を 5：4 に内分する点を E とする。このとき，BO：OE を求めよ。

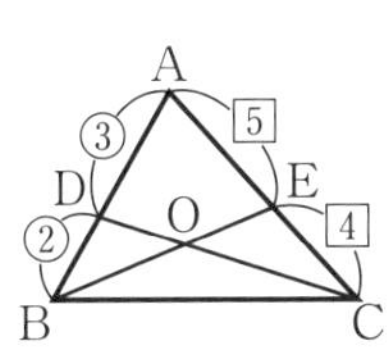

136 右の図の △ABC において，点 P，Q は辺 BC，CA をそれぞれ 1：2 に内分する点である。AP と BQ の交点を O とし，CO と AB の交点を R とする。このとき，次の比を求めよ。

(1) AR：RB

(2) AO：OP

(3) △OBC：△ABC

JUMP 22 右の図の △ABC において，AD：DB＝3：2，BE：EC＝3：1 である。直線 DE と AC の延長との交点を F とするとき，△BEF：△ABC を求めよ。

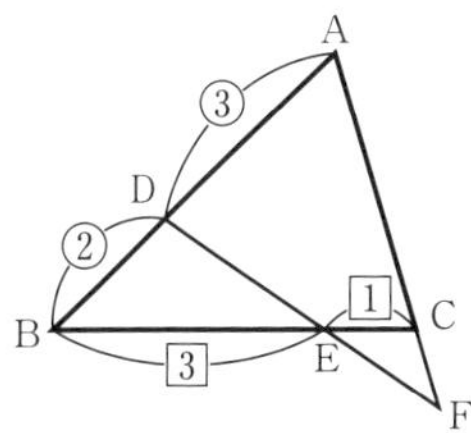

23 円周角の定理とその逆

例題 40 円周角の定理

次の図において，θ を求めよ。ただし，O は円の中心とする。

(1)

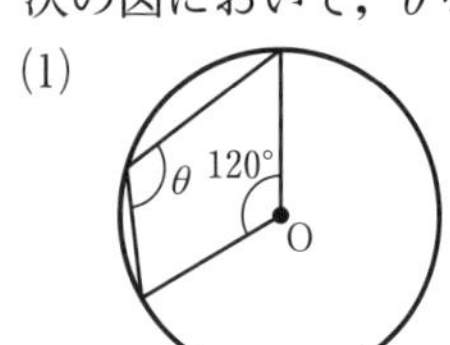

(2)

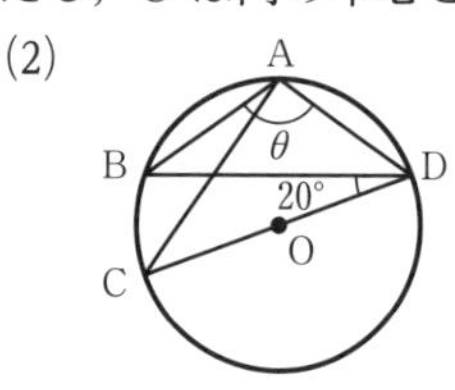

(1) $360° - 120° = 240°$

よって，円周角の定理より

$\theta = 240° \div 2 = \mathbf{120°}$

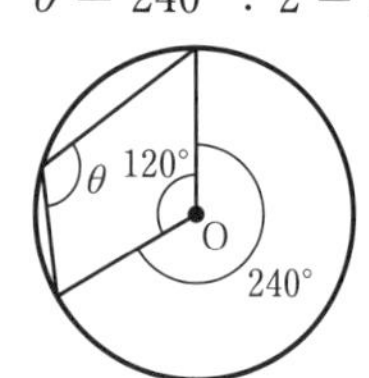

(2) 線分 CD は円 O の直径であるから $\angle CAD = 90°$

円周角の定理より

$\angle BAC = \angle BDC = 20°$

よって $\theta = 90° + 20° = \mathbf{110°}$

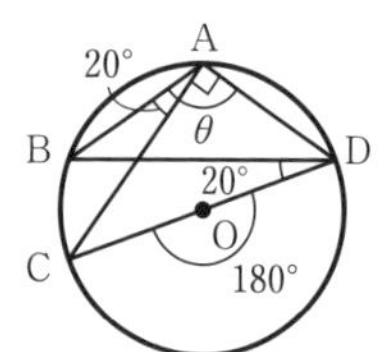

▶円周角の定理

1 つの弧に対する円周角の大きさは一定であり，その弧に対する中心角の大きさの半分である。

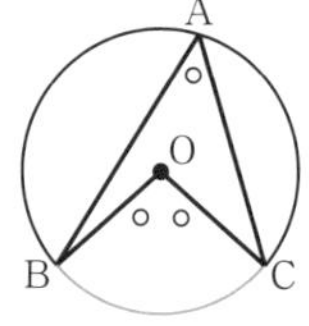

例題 41 円周角の定理の逆

右の図において，4 点 A，B，C，D は同一円周上にあるかどうか調べよ。

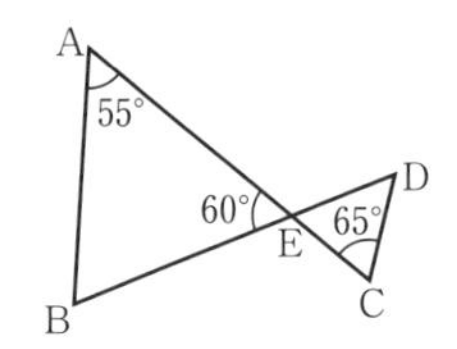

$\angle BDC = \theta$ とする。$\angle DEC = 60°$ であるから，

$\theta + 60° + 65° = 180°$　　ゆえに $\theta = 55°$

2 点 A，D が直線 BC に関して同じ側にあり，$\angle BAC = \angle BDC$ であるから，4 点 A，B，C，D は**同一円周上にある。**

▶円周角の定理の逆

4 点 A，B，P，Q について，P，Q が直線 AB の同じ側にあり，

$\angle APB = \angle AQB$

が成り立つならば，この 4 点は同一円周上にある。

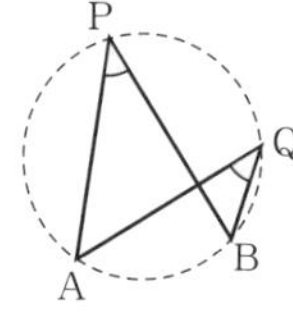

類題

137 次の図において，θ を求めよ。ただし，O は円の中心である。

(1)

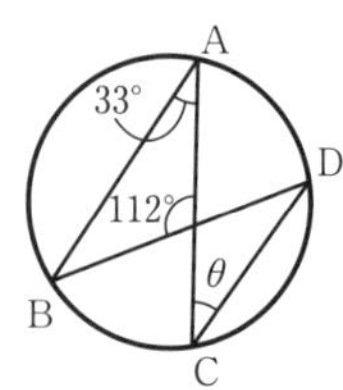

(2)

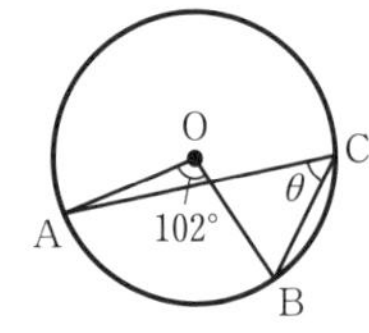

138 下の図において，4 点 A，B，C，D は同一円周上にあるかどうか調べよ。

139 次の図において，θ を求めよ。ただし，O は円の中心である。

(1)

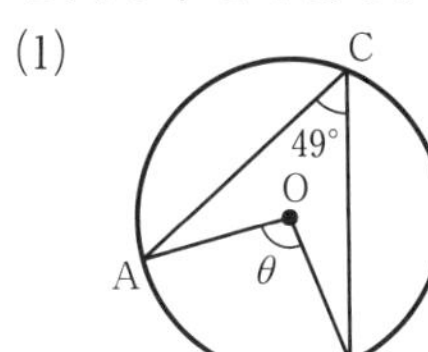

(2)

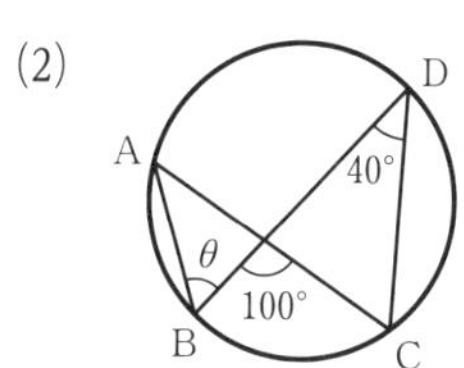

140 次の図において，4 点 A，B，C，D は同一円周上にあるかどうか調べよ。

(1)

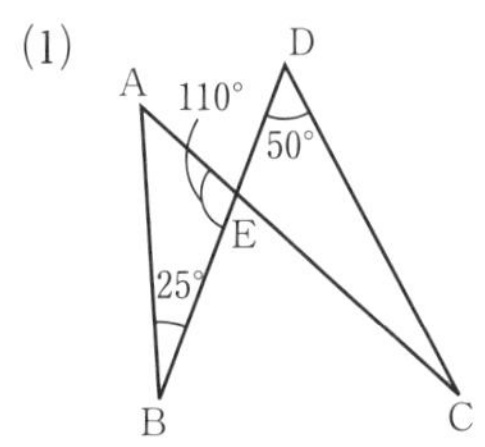

(2)

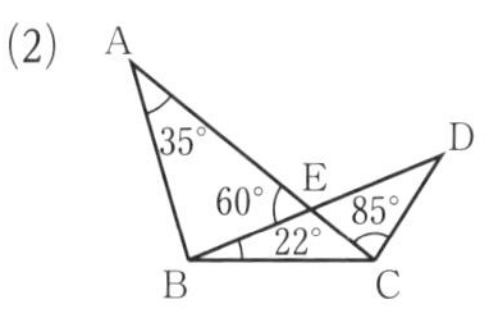

(3) $\angle BCD = 90°$

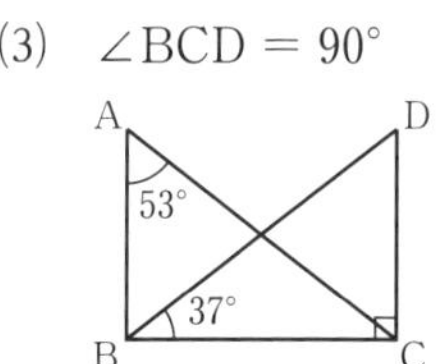

141 次の図において，α，β，γ を求めよ。ただし，O は円の中心である。

(1)

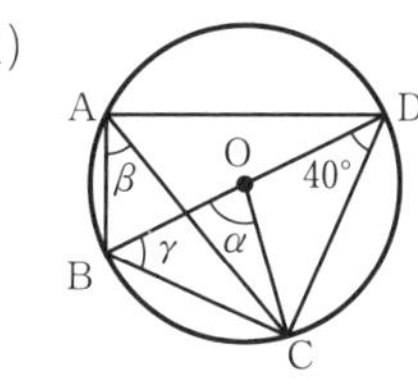

(2)

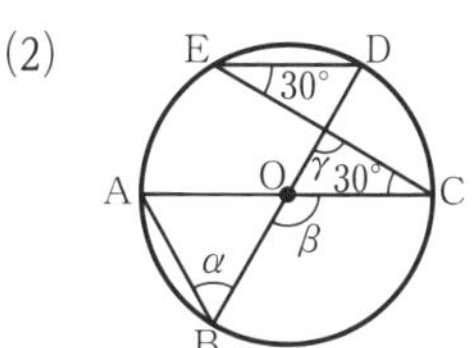

(3) $\angle BAC = \angle CAD$

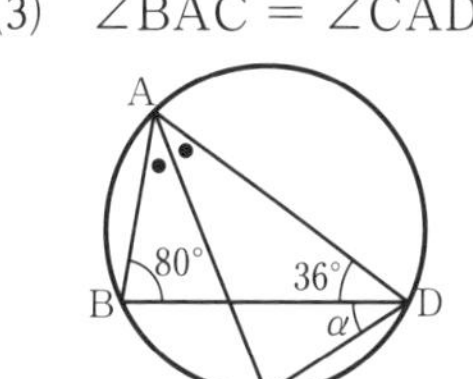
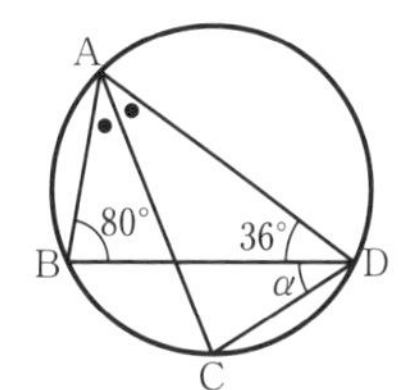

JUMP 23 右の図において，弧 AB：弧 BC：弧 CD：弧 DA ＝ 3：4：5：6 である。このとき，θ を求めよ。

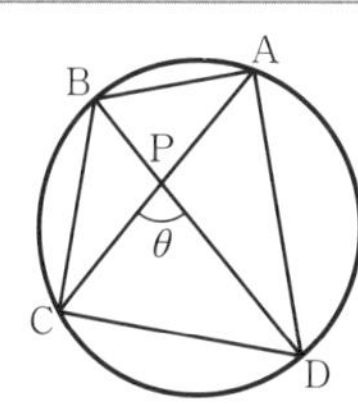

24 円に内接する四角形と四角形が円に内接する条件

例題 42 円に内接する四角形

次の図において，四角形 ABCD は円に内接している。このとき，α, β を求めよ。

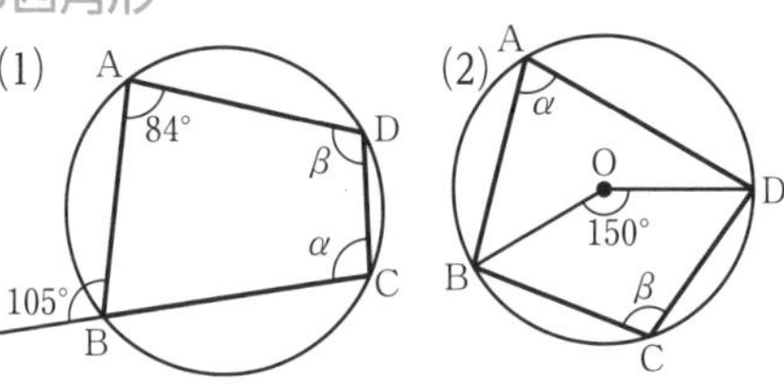

解 (1) 円に内接する四角形の性質から，向かい合う内角の和は 180° である。よって　$\alpha = 180° - 84° = \mathbf{96°}$

また，∠ADC は ∠ABC の外角に等しいから　$\beta = \mathbf{105°}$

(2) 円周角の定理より $\alpha = 150° \div 2 = \mathbf{75°}$

円に内接する四角形の性質から，向かい合う内角の和は 180° である。よって　$\beta = 180° - 75° = \mathbf{105°}$

▶円に内接する四角形

[1] 向かい合う内角の和は 180° である。

[2] 1 つの内角は，それに向かい合う内角の外角に等しい。

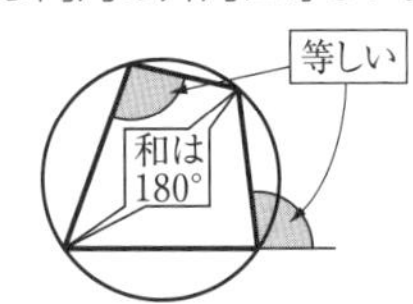

例題 43 四角形が円に内接する条件

次の四角形 ABCD について，円に内接するか調べよ。

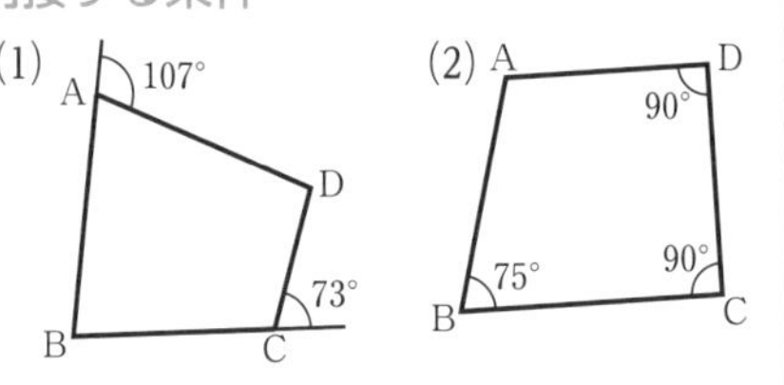

解 (1) $\angle BCD = 180° - 73° = 107°$ より，∠BCD は ∠BAD の外角に等しいから，四角形 ABCD は円に**内接する**。

(2) 向かい合う内角 ∠B と ∠D の和が $90° + 75° = 165°$ であり，180° でない。ゆえに，四角形 ABCD は円に**内接しない**。

▶四角形が円に内接する条件

[1] 向かい合う内角の和が 180° である。

[2] 1 つの内角が，それに向かい合う内角の外角に等しい。

類題

142 次の図において，四角形 ABCD は円に内接している。このとき，α, β を求めよ。

(1)

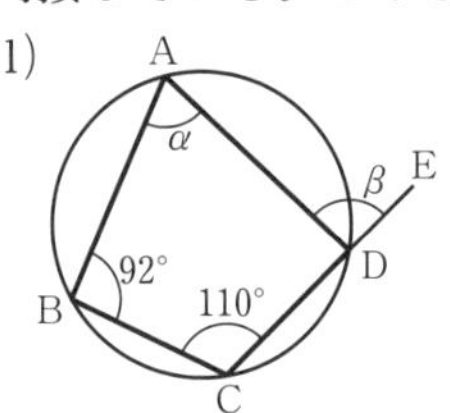

(2)

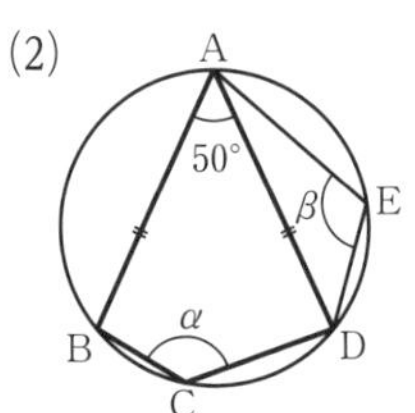

143 次の四角形 ABCD について，円に内接するか調べよ。

144 次の図において，四角形 ABCD，CDEF は円に内接している。このとき，α，β を求めよ。

(1)

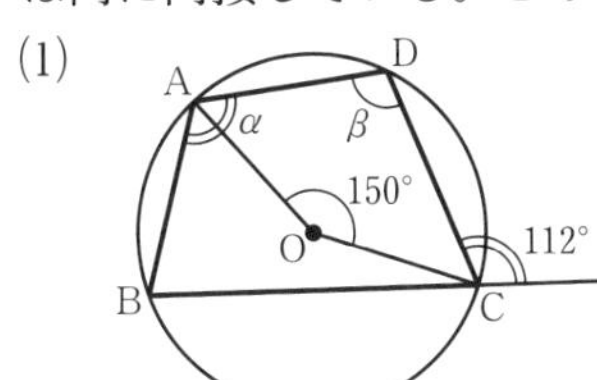

(2)

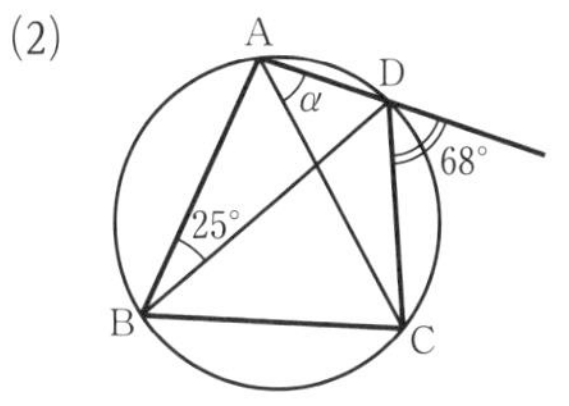

(3)

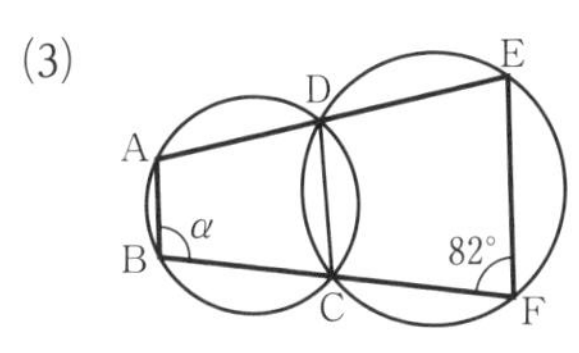

145 次の四角形 ABCD について，円に内接するか調べよ。ただし，AB ＝ CB とする。

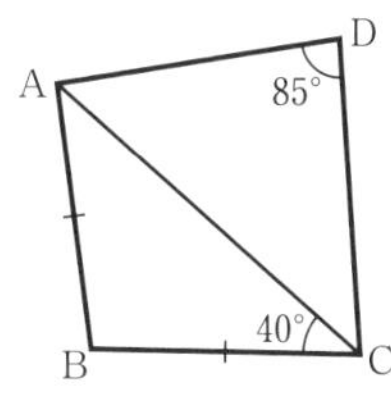

146 下の図において，四角形 ABFE は円に内接している。AB ∥ CD のとき，次の問いに答えよ。

(1) α を求めよ。

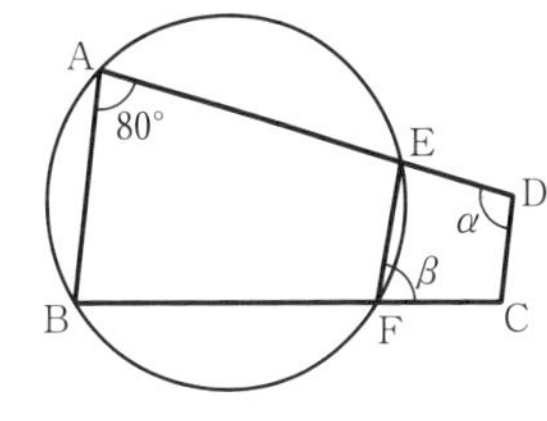

(2) β を求めよ。

(3) 四角形 EFCD は円に内接するか調べよ。

147 ①～③の四角形 ABCD のうち，円に内接するものはどれか答えよ。

①

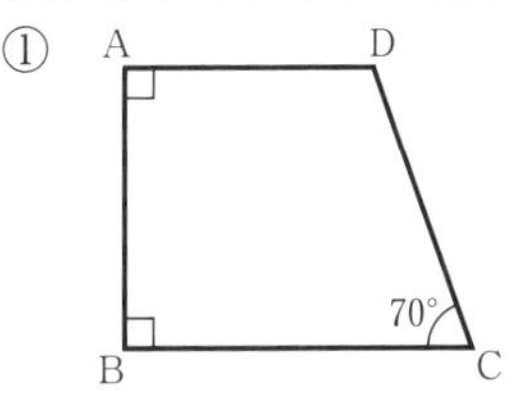

②

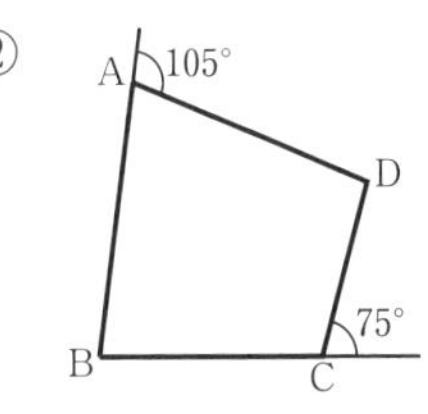

③

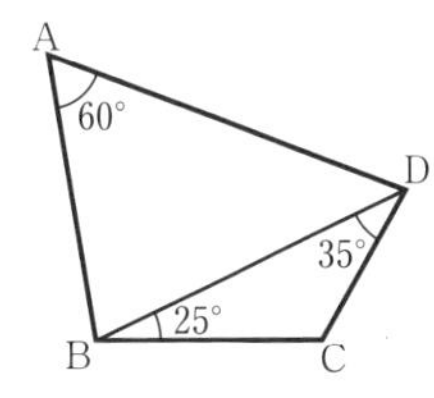

JUMP 24 右の図の △ABC において，A から BC に垂線 AD，D から AB に垂線 DE，D から AC に垂線 DF をおろす。∠BAD ＝ 40° のとき，∠AFE の大きさを求めよ。

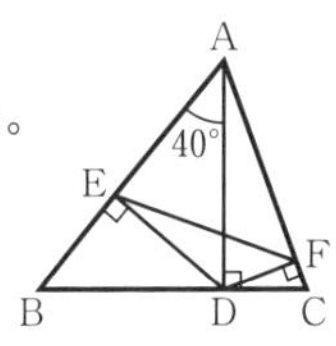

25 円の接線と弦のつくる角

例題 44 接線の長さ

右の図において，△ABC の内接円 O と辺 BC，CA，AB との接点を，それぞれ P，Q，R とする。このとき，x を求めよ。

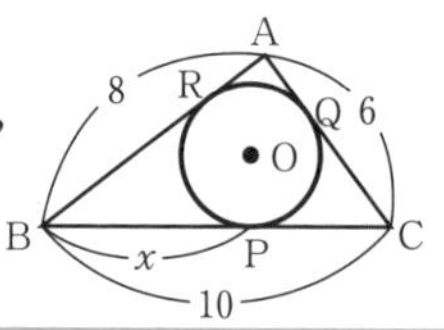

解 $BR = BP = x$，$AB = 8$ より

$AR = 8 - x$

ゆえに $AQ = AR = 8 - x$

また $CQ = CP = 10 - x$

ここで，$AC = AQ + CQ$ より

$6 = (8 - x) + (10 - x)$

これを解いて $x = \mathbf{6}$

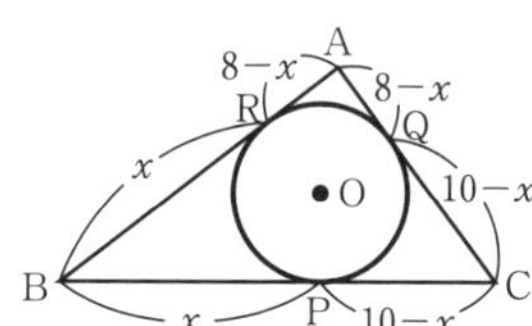

▶**接線の長さ**

円の外部の点 A から引いた 2 本の接線の接点を P，P′ とするとき，AP，AP′ の長さを接線の長さといい，これらは等しい。

$$\mathbf{AP = AP'}$$

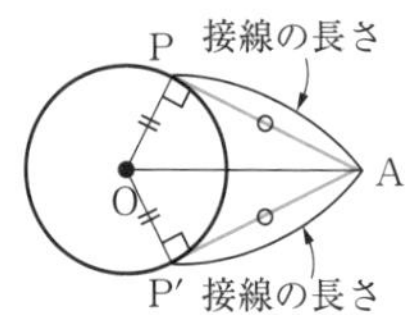

例題 45 接線と弦のつくる角

右の図において，AD，BD は円 O の接線，A，B は接点である。このとき，θ を求めよ。

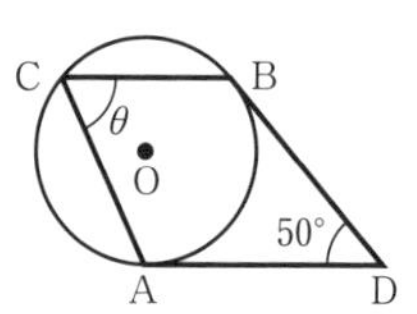
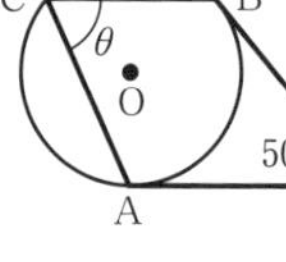

解 A と B を結ぶ。接線の長さは等しいから

$DA = DB$

ゆえに，△DAB は二等辺三角形である。

よって $\angle DAB = (180° - 50°) \div 2 = 65°$

AD は円の接線であるから，接線と弦のつくる角の性質より

$\theta = \angle DAB = \mathbf{65°}$

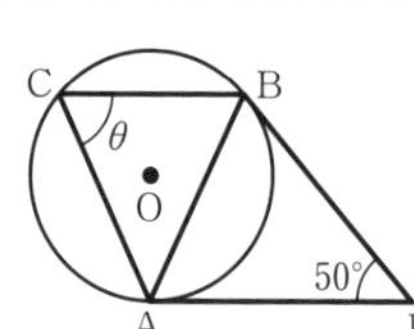

▶**接線と弦のつくる角**

円の接線 AT と接点 A を通る弦 AB のつくる角は，その角の内部にある弧 AB に対する円周角に等しい。

$$\mathbf{\angle TAB = \angle ACB}$$

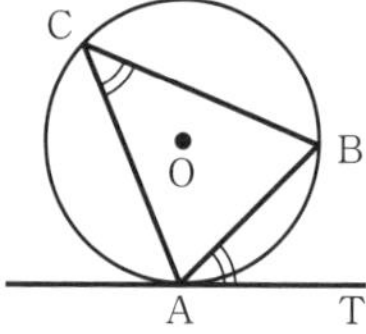

類題

148 下の図において，△ABC の内接円 O と辺 BC，CA，AB との接点を，それぞれ P，Q，R とする。このとき，x を求めよ。

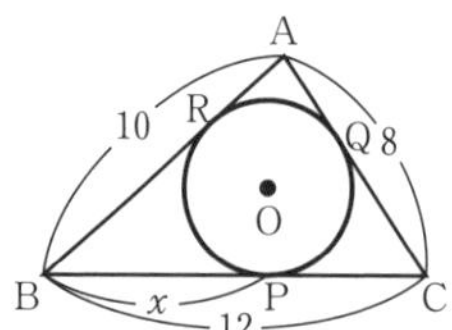

149 下の図において，AT は円 O の接線，A は接点である。このとき，θ を求めよ。

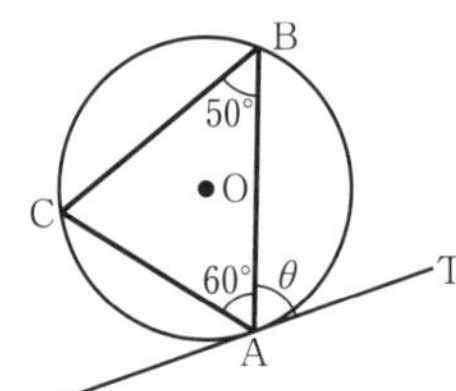

150 次の図において，△ABC の内接円 O と辺 BC，CA，AB との接点を，それぞれ P，Q，R とする。このとき，x を求めよ。

(1)

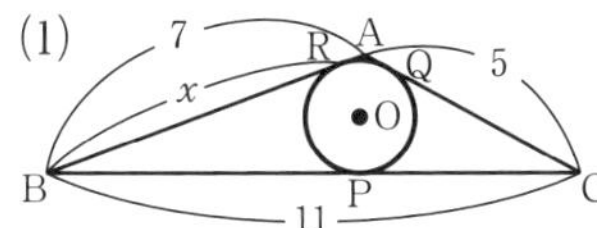

(2)

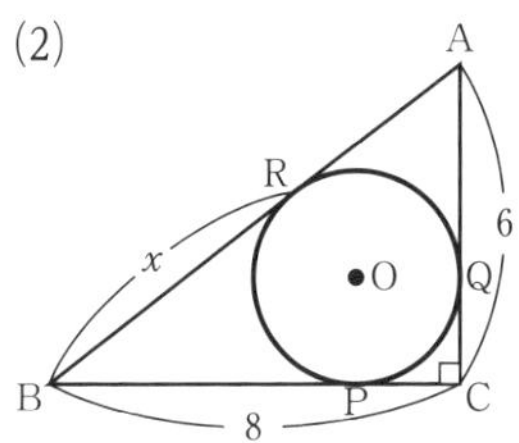

151 次の図において，直線 l，m は円 O の接線である。このとき，α，β を求めよ。

(1) A は接点

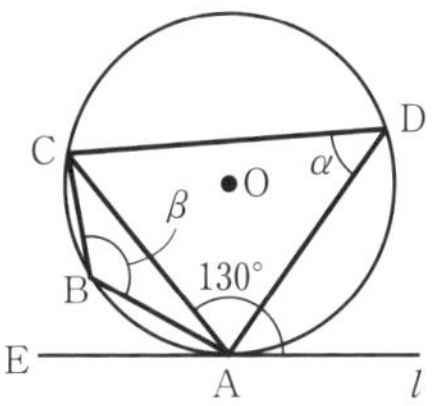

(2) A，B は接点

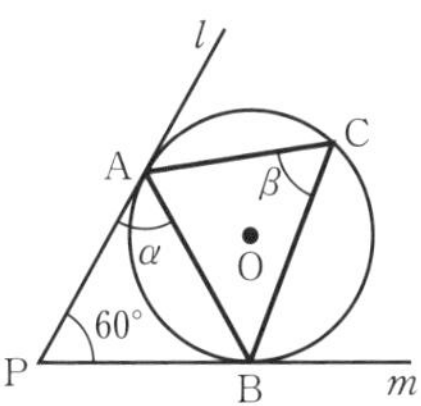

152 下の図において，四角形 ABCD の内接円 O と辺 AB，BC，CD，DA との接点を，それぞれ P，Q，R，S とする。このとき，$a+b$ を求めよ。

153 下の図において，AD，BD は円 O の接線，A，B は接点である。このとき，θ を求めよ。

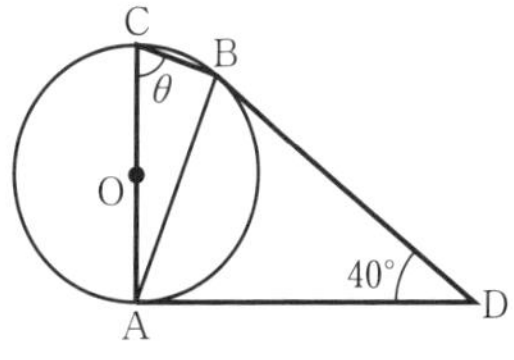

JUMP 25 右の図において，AP，AQ，BC は円 O の接線，P，Q，D は接点である。AP = 10 であるとき，AB + BC + CA を求めよ。

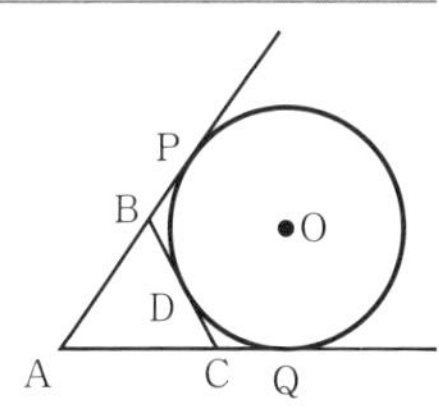

26 方べきの定理，2つの円

例題 46　方べきの定理

次の図において，x を求めよ。ただし，PT は円 O の接線，T は接点である。

(1)

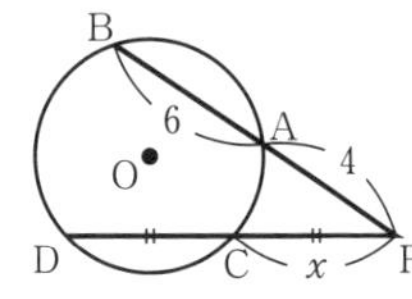

(2)

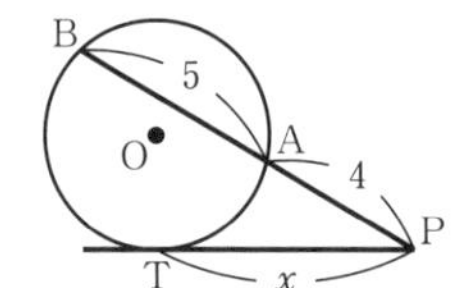

解 (1)　PC = CD より　$PD = 2x$

$PC \cdot PD = PA \cdot PB$　←方べきの定理(1)

より　$x \cdot 2x = 4 \cdot (4+6)$

$2x^2 = 40$

$x > 0$ より　$x = \mathbf{2\sqrt{5}}$

(2)　$PT^2 = PA \cdot PB$　←方べきの定理(2)

より　$x^2 = 4 \cdot (4+5) = 36$

$x > 0$ より　$x = \mathbf{6}$

▶方べきの定理(1)

円の 2 つの弦 AB，CD の交点，または，それらの延長の交点を P とするとき

$PA \cdot PB = PC \cdot PD$

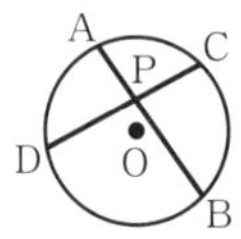

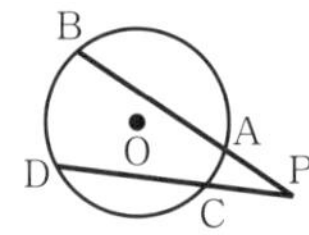

▶方べきの定理(2)

円の弦 AB の延長と円周上の点 T における接線が点 P で交わるとき

$PA \cdot PB = PT^2$

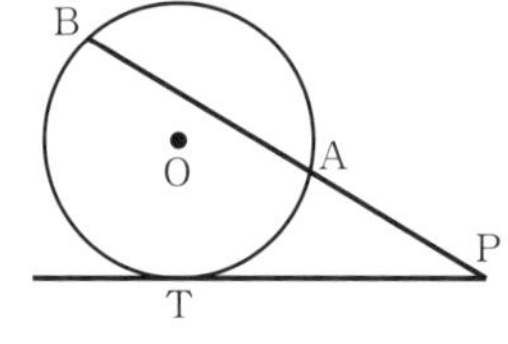

例題 47　2つの円の共通接線

右の図において，AB は円 O，O′ の共通接線で A，B は接点である。このとき，線分 AB の長さを求めよ。

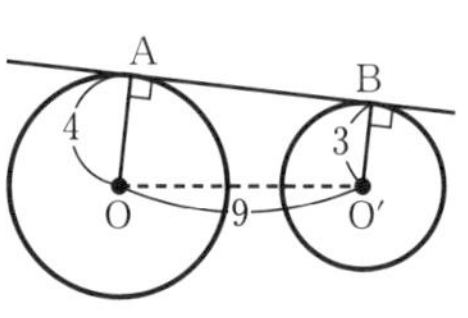

解 点 O′ から線分 OA に垂線 O′H をおろすと

$OH = OA - O'B = 4 - 3 = 1$

△OO′H は，直角三角形であるから

$AB = O'H = \sqrt{9^2 - 1^2} = \sqrt{80}$

$= \mathbf{4\sqrt{5}}$

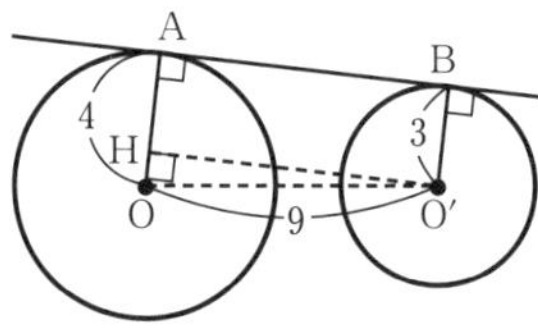

▶共通接線

2 つの円の両方に接している直線を，その 2 つの円の共通接線という。

下の図のように，2 つの円が離れているとき，4 本の共通接線を引くことができる。

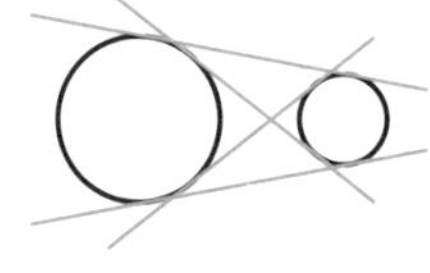

類題

154　下の図において，x を求めよ。

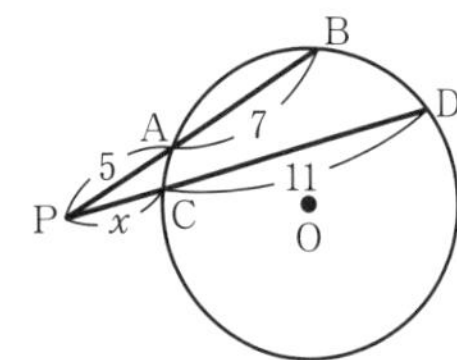

155　下の図において，AB は円 O，O′ の共通接線で，A，B は接点である。このとき，線分 AB の長さを求めよ。

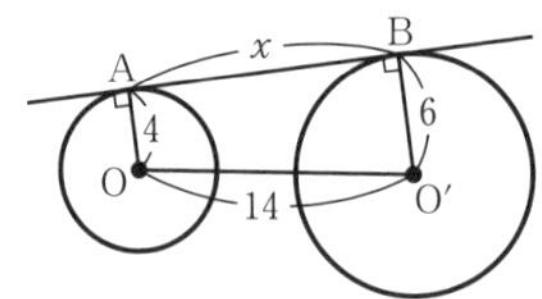

156 次の図において，x を求めよ。

(1)

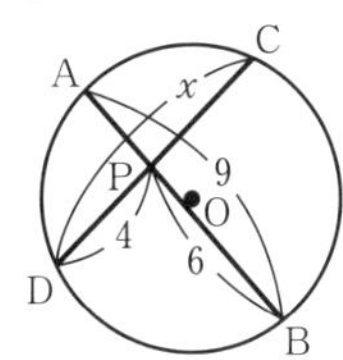

(2)

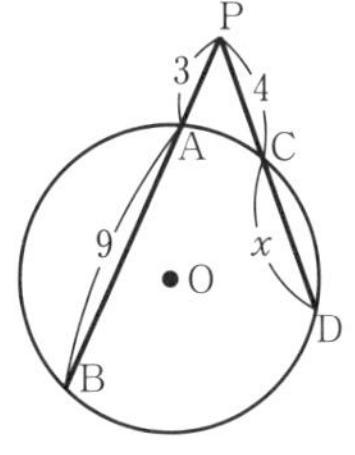

(3) 直線 PT は円の接線，T は接点

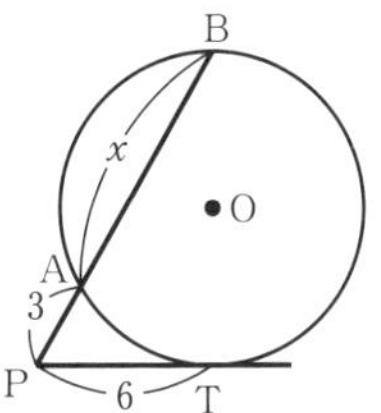

157 下の図において，AB は円 O，O′ (半径はそれぞれ 10，1) の共通接線で，A，B はその接点である。このとき，線分 AB の長さを求めよ。

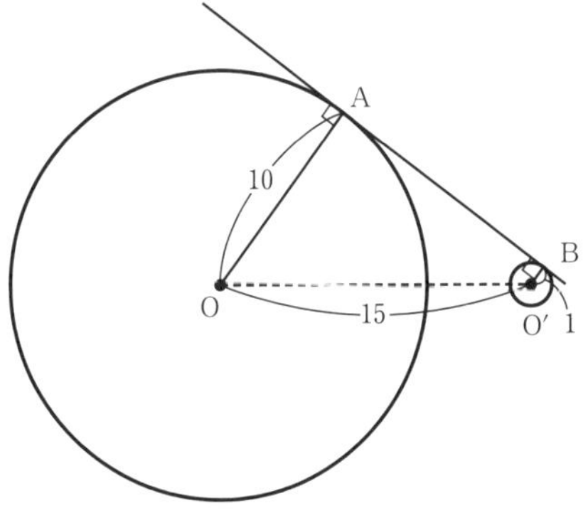

158 下の図において，AB は円 O の直径で，AP = 1，PB = 3 であるとする。このとき線分 PC の長さを求めよ。

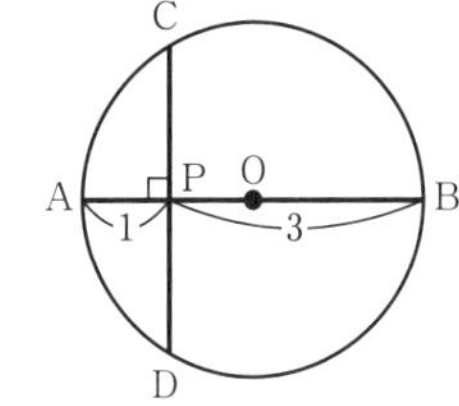

159 下の図において，直線 l は 2 つの円 O，O′ に点 A，B で接している。半径はそれぞれ 5，2，中心間の距離 OO′ = 14 である。このとき，次の線分の長さを求めよ。

(1) OC

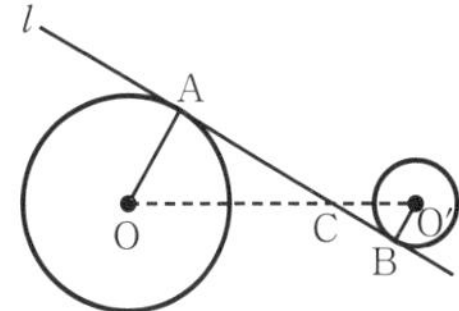

(2) AC

(3) AB

JUMP 26 右の図において，2 点 A，B で交わる 2 つの円の中心を O，O′ とする。2 円の共通接線の接点を C，D とし，PA = AB = $\sqrt{2}$ とするとき，PC と OO′ の長さを求めよ。ただし，CO = 1，DO′ = 5 とする。

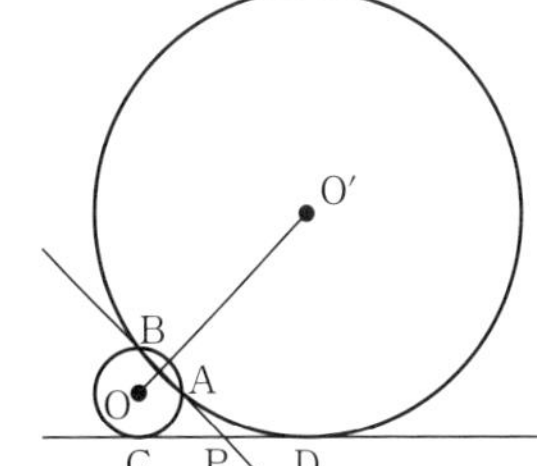

まとめの問題 図形の性質

1 下の図の線分 AB において，次の点を図示せよ。

(1) 1：3 に内分する点 P

(2) 5：1 に外分する点 Q

(3) 1：5 に外分する点 R

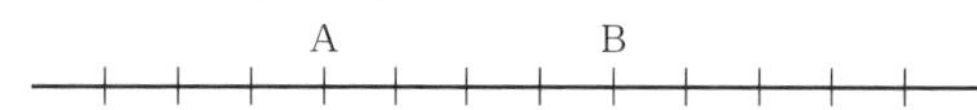

2 下の図の △ABC において，AD が ∠A の外角の二等分線であるとき，線分 CD の長さ x を求めよ。

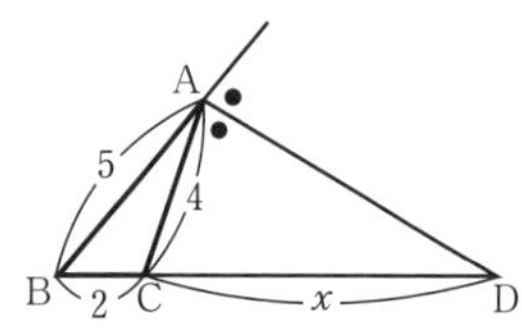

3 1 辺の長さが a である正三角形 ABC において，重心を G，辺 BC，CA の中点をそれぞれ M，N とする。このとき，△GBM の周囲の長さを a で表せ。

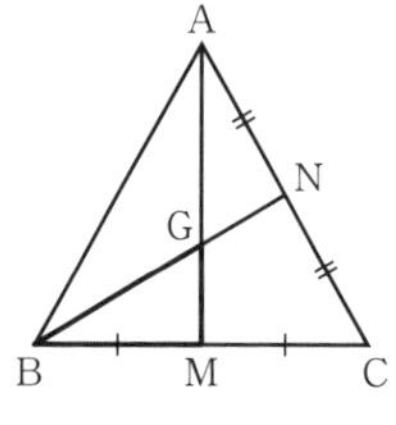

4 下の図において，点 O は △ABC の外心である。∠A ＝ 50°，∠B ＝ 60°，∠C ＝ 70° のとき，α，β，γ を求めよ。

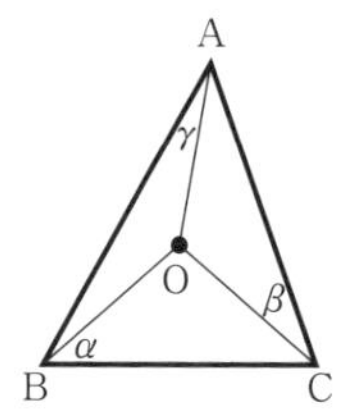

5 次の問いに答えよ。

(1) 下の図の △ABC において，AR：RB ＝ 4：1，AQ：QC ＝ 2：3 であるとき，PB：BC を求めよ。

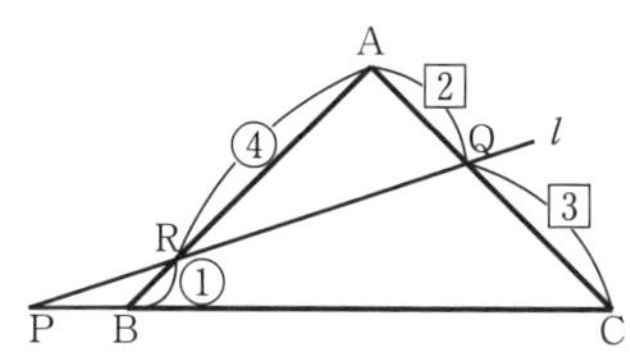

(2) 下の図の △ABC において，AR：RB ＝ 4：5，CQ：QA ＝ 2：3 であるとき，BP：PC を求めよ。

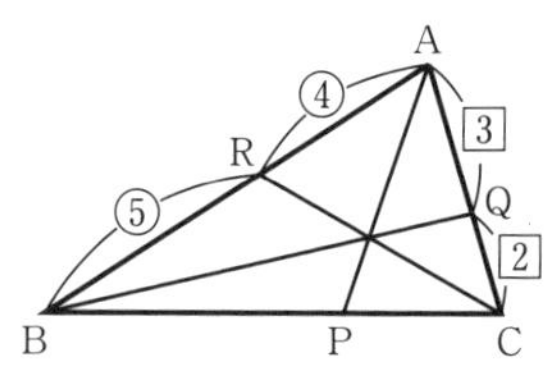

6 次の図において，θ を求めよ。ただし，直線 l，m は円の接線である。

(1) A，B は接点

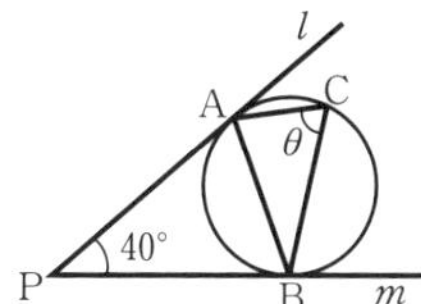

(2) A は接点

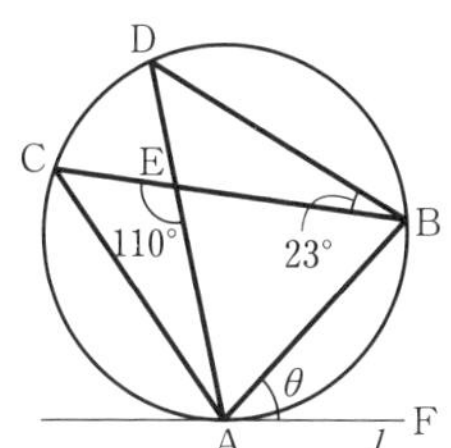

(3) A は接点

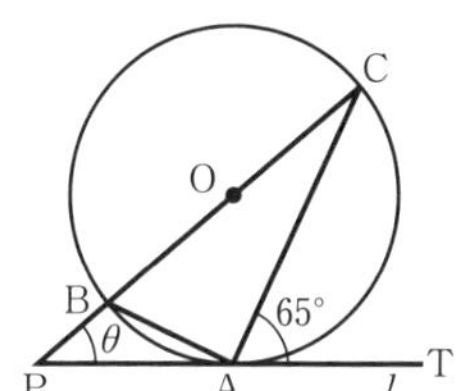

7 下の図において，△ABC は円に内接している。また，点 A を接点とする接線と線分 BC の延長との交点を P，∠APB の二等分線と AB，AC との交点を D，E とする。∠CAP = 50°，∠APE = ∠CPE = 15° とするとき，∠AED，∠ADE の大きさを求めよ。

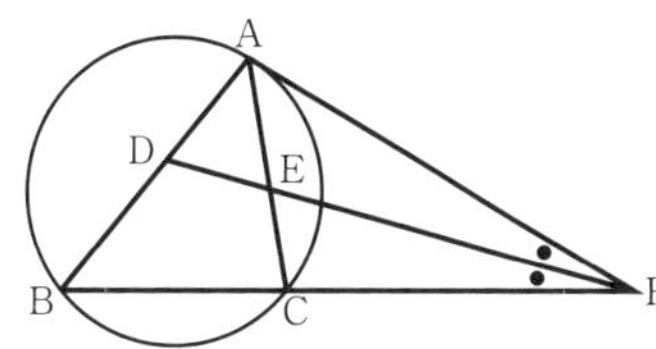

8 下の図において，PT は円の接線，T は接点である。PA = x，AB = y とするとき，PT の長さを x，y で表せ。

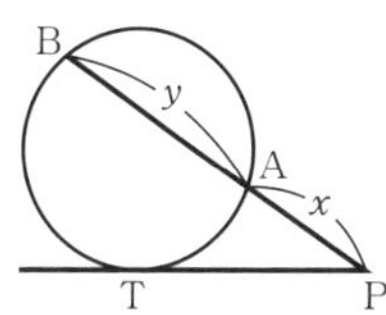

9 下の図において，四角形 BDEC が円に内接するとき，x を求めよ。

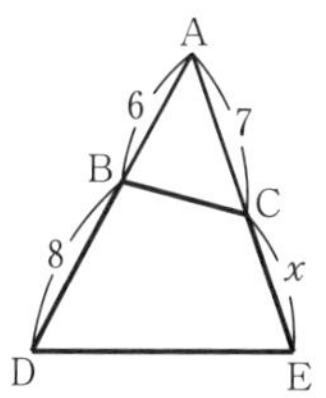

27 作図

例題 48 内分する点，外分する点

線分 AB を次のように分ける点を作図せよ。

(1) 3：1 に内分する点 P　　(2) 3：2 に外分する点 Q

A ―――――― B　　A ――― B

解

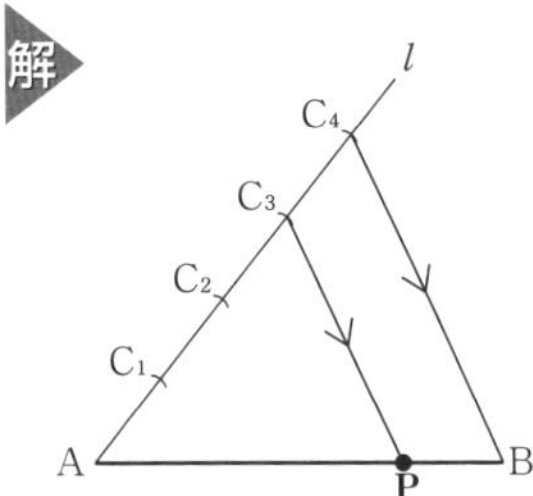

(1) ① 点 A を通る直線 l を引き，コンパスで等間隔に 4 個の点 C_1，C_2，C_3，C_4 をとる。

② 点 C_4 と点 B を結ぶ。この線分と平行に点 C_3 を通る直線を引き，線分 AB との交点を P とすれば，**点 P** は線分 AB を 3：1 に内分する。

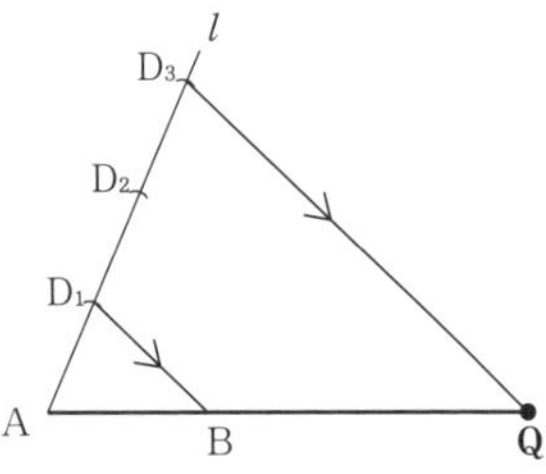

(2) ① 点 A を通る直線 l を引き，コンパスで等間隔に 3 個の点 D_1，D_2，D_3 をとる。

② 点 D_1 と点 B を結ぶ。この線分と平行に点 D_3 を通る直線を引き，線分 AB の延長との交点を Q とすれば，**点 Q** は線分 AB を 3：2 に外分する。

例題 49 平方根で表される線分の作図

下の図の長さ 1 の線分が与えられたとき，長さ $\sqrt{3}$ の線分を作図せよ。

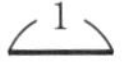

解

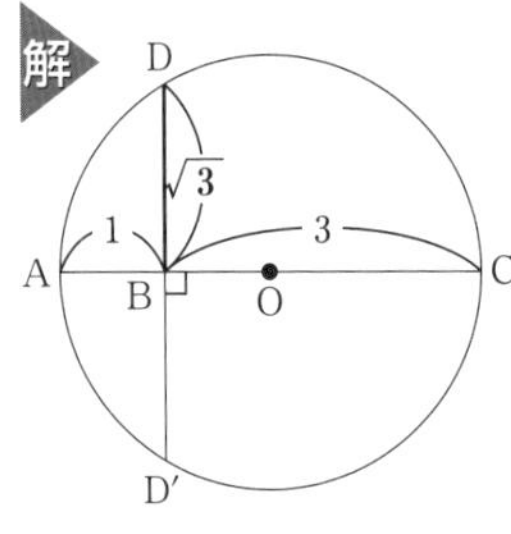

① 3 点 A，B，C を AB = 1，BC = 3 となるように同一直線上にとる。

② 垂直二等分線の作図を利用して，線分 AC の中点 O を求め，OA を半径とする円 O をかく。

③ 点 B を通り AC に垂直な直線を引き，円 O との交点を D，D′ とする。このとき，**線分 BD** が求める長さ $\sqrt{3}$ の線分である。

▶基本的な作図

[線分の垂直二等分線]

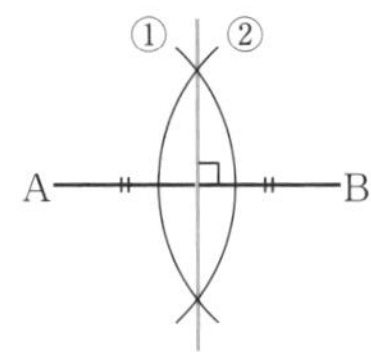

[垂線]

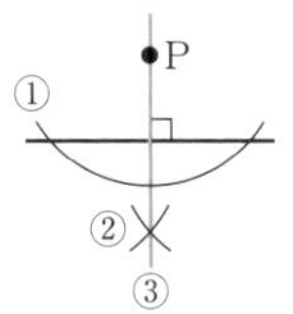

[角の二等分線]

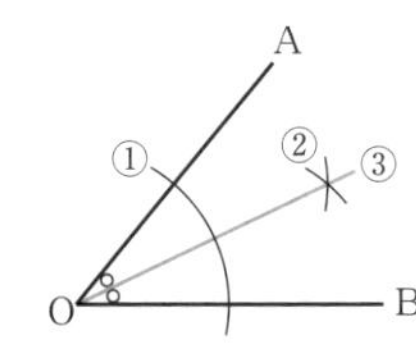

▶平行線の作図

l 上に点 O をとる。
点 O を中心とする半径 OP の円と l との交点を Q とする。
P と Q からの距離が OP と等しい点 R をとり，P と R を結ぶ。

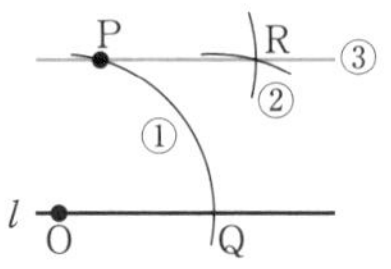

▶$\sqrt{a}$ の長さの作図

AB = 1，BC = a となる点 A，B，C を同一直線上にとる。
AC の中点 O を求める。
直径 AC の円を描く。
B を通る垂線と円との交点を D とすると，BD = $\sqrt{a}$ となる。

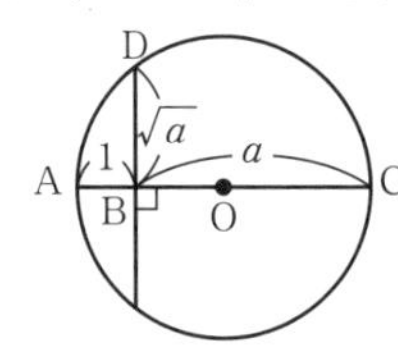

160 下の図の線分 AB を 3：2 に内分する点 P と，3：1 に外分する点 Q をそれぞれ作図せよ。

A ―――――― B

161 下の図の線分 AB を，次のように分ける点を作図せよ。

(1) 2：5 に内分する点 P

A ―――――― B

(2) 7：4 に外分する点 Q

A ―――――― B

162 下の図の長さ 1，$\sqrt{2}$，$\sqrt{5}$ の線分を用いて，長さ $\sqrt{10}$，$\dfrac{\sqrt{2}}{\sqrt{5}}$ の線分を作図せよ。

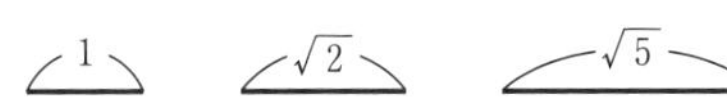

163 下の図の長さ 1 の線分を用いて，長さ $\sqrt{7}$ の線分を作図せよ。

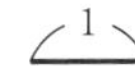

JUMP 27 長さ 1 の線分が与えられたとき，2 次方程式 $x^2-4x-9=0$ の正の解の長さを持つ線分を作図せよ。

28 空間における直線と平面

例題 50 2直線の位置関係・2平面の位置関係

右の図の立方体 ABCD-EFGH において，次の2直線のなす角を求めよ。

(1) AD，BF　　(2) BD，EF

(3) AC，HF　　(4) DE，EG

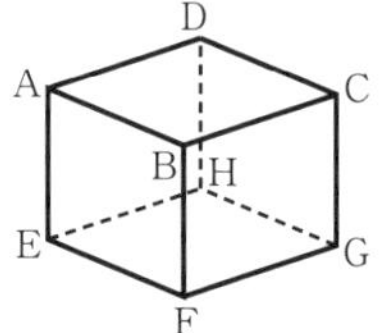

(1) AD と BF のなす角は AD と AE のなす角に等しいから，AD と BF のなす角は **90°**

(2) BD と EF のなす角は BD と AB のなす角に等しいから，BD と EF のなす角は **45°**

(3) AC と HF のなす角は AC と DB のなす角に等しいから，AC と HF のなす角は **90°**

(4) △DEG は正三角形なので，DE と EG のなす角は **60°**

例題 51 平面と直線の垂直

右の図の正四面体 ABCD において，CD の中点を M とするとき，次のことを証明せよ。

(1) 平面 ABM ⊥ CD

(2) AB ⊥ CD

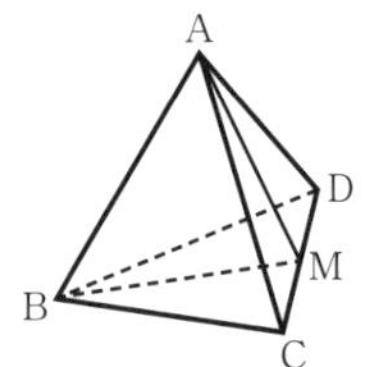

(1) 正四面体の各面は正三角形であり，M は CD の中点であるから　AM ⊥ CD，BM ⊥ CD

よって　平面 ABM ⊥ CD

(2) (1)より CD は平面 ABM 上のすべての直線と垂直であるから　AB ⊥ CD

例題 52 最短距離

右の図のような1辺の長さが a である立方体 ABCD-EFGH において，頂点 A から頂点 H まで BF 上の点 P，CG 上の点 R を通って糸をはわせる。このとき，糸の長さの最小値を求めよ。

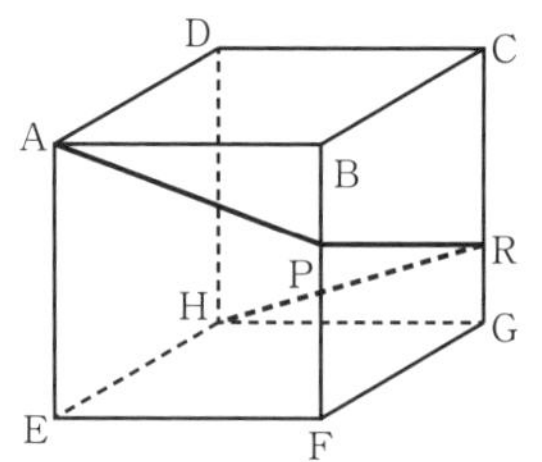

右の図のような展開図を考えると，糸の長さが最小になるのは A，H を直線で結んだときである。

よって

$\sqrt{a^2+(3a)^2}=\sqrt{10}\,\boldsymbol{a}$

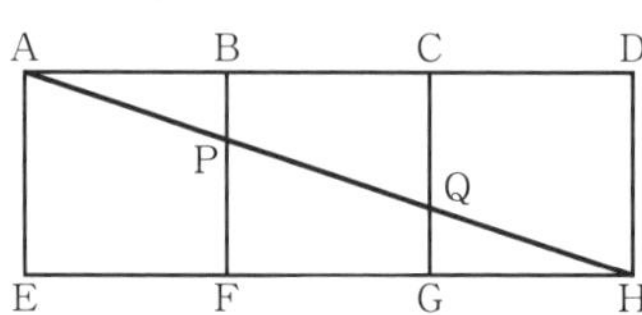

▶2直線のなす角

2直線 l，m に対し，1点 O を通って l，m に平行な直線 l'，m' を引くとき，l'，m' のなす角を2直線 l，m のなす角という。

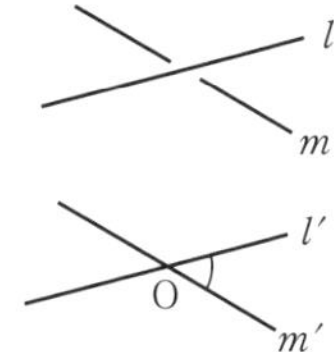

▶2平面のなす角

交わる2平面 α，β の交線に垂直な直線 OA，OB をそれぞれ平面 α，β 上に引くとき，OA，OB のなす角を2平面 α，β のなす角という。

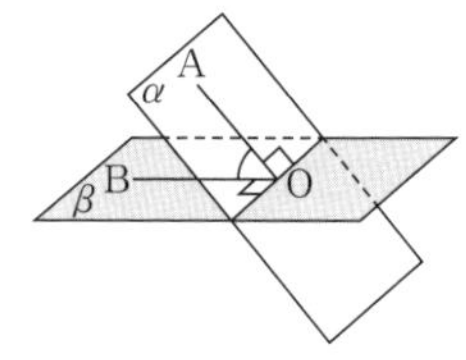

▶平面と直線の垂直

直線 l が平面 α 上のすべての直線と垂直であるとき，l と α は垂直であるという。

一般に，直線 l が平面 α 上の交わる2直線と垂直であるとき，$l \perp \alpha$ である。

▶三垂線の定理

[1] PO ⊥ α，OA ⊥ l ならば PA ⊥ l

[2] PO ⊥ α，PA ⊥ l ならば OA ⊥ l

[3] PA ⊥ l，OA ⊥ l，PO ⊥ OA ならば PO ⊥ α

(点 P は平面 α 上にない点。直線 l は α 上にあり，点 O は α 上で l 上にはない点。)

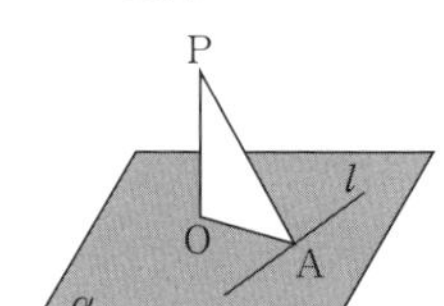

164　下の図の直方体 ABCD-EFGH において，$AD=AE=1$，$AB=\sqrt{3}$ であるとき，次の 2 直線のなす角を求めよ。

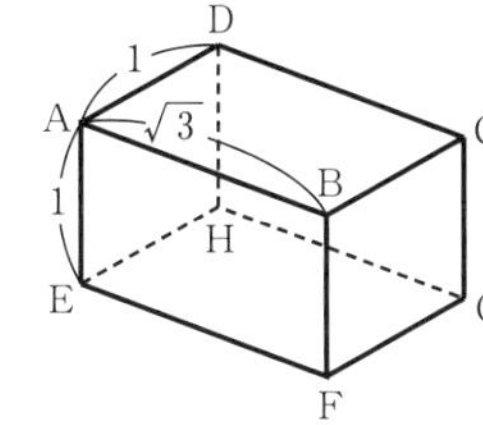

(1)　AC，EH

(2)　AC，HF

(3)　AH，AB

165　下の図のような $AC=AD$，$BC=BD$ である四面体 ABCD において，辺 CD の中点を M とするとき，次のことを証明せよ。

(1)　平面 ABM $\perp$ CD

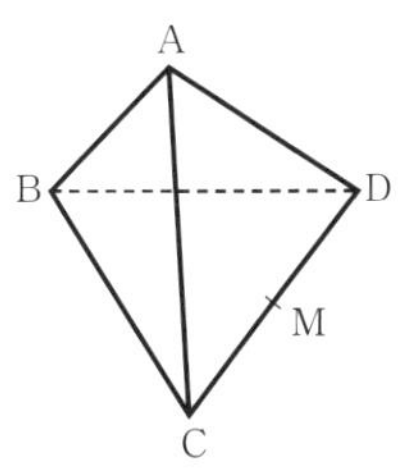

(2)　$AB \perp CD$

166　下の図の立方体 ABCD-EFGH において，次のことを証明せよ。

(1)　BE $\perp$ 平面 AFG

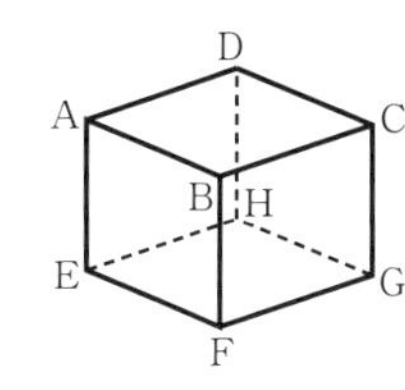

(2)　$BE \perp AG$

167　下の図の直方体 ABCD-EFGH において，$AE=1$，$AD=2$，$AB=\dfrac{5}{2}$ であるとき，頂点 A から頂点 H まで BC 上の点 P，FG 上の点 Q を通って糸をはわせる。このとき，糸の長さの最小値を求めよ。

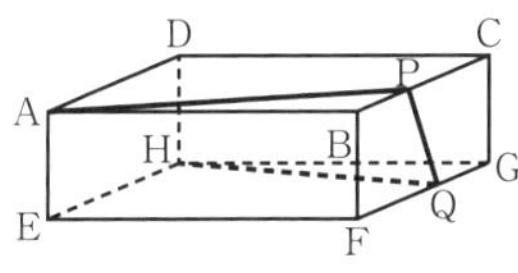

JUMP 28　交わる 2 平面 α，β の交線を l とする。それぞれの平面上の 2 点 A，B に対し，l 上に点 P をとり，$AP+PB$ を最小にしたい。このとき，点 P の位置を求めよ。

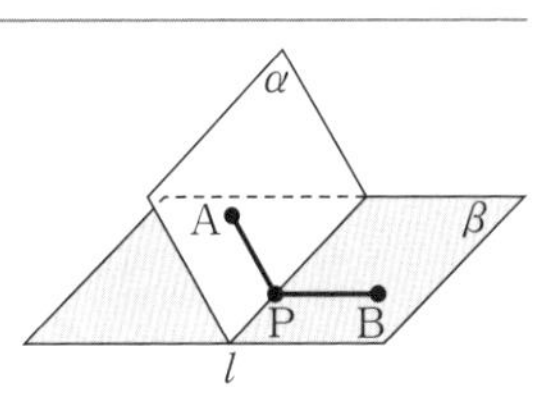

29 多面体

例題 53 オイラーの多面体定理

右の図の多面体について，$v-e+f$ の値を計算せよ。ただし，v は頂点の数，e は辺の数，f は面の数とする。

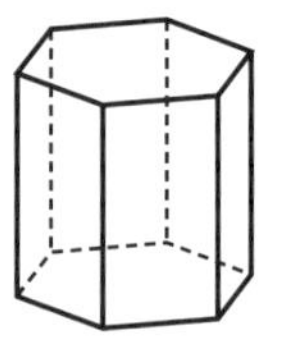

解 頂点の数 v は 12，辺の数 e は 18，面の数 f は 8 である。
したがって　$v-e+f=12-18+8=\mathbf{2}$

▶オイラーの多面体定理
凸多面体の
頂点の数を v，辺の数を e，
面の数を f とすると
$v-e+f=2$

例題 54 多面体の体積

立方体 ABCD-EFGH において，各面の対角線の交点を I，J，K，L，M，N とするとき，これらの頂点を結ぶと右の図のような多面体 IJKLMN ができる。

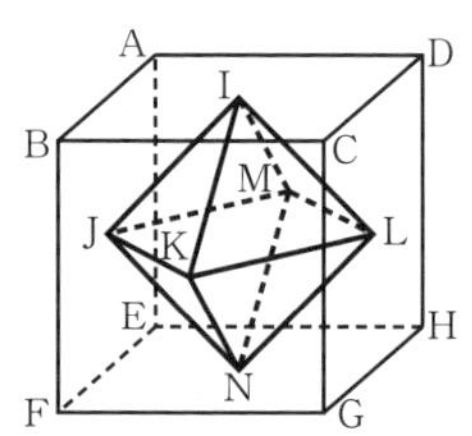

(1) 多面体 IJKLMN の名称を答えよ。

(2) この立方体の一辺の長さが a であるとき，多面体 IJKLMN の体積を求めよ。

解 (1) 多面体 IJKLMN の 8 つの面は，すべて合同な正三角形である。また，6 つの頂点のいずれにも 4 つの面が集まる。したがって，多面体 IJKLMN は**正八面体**である。

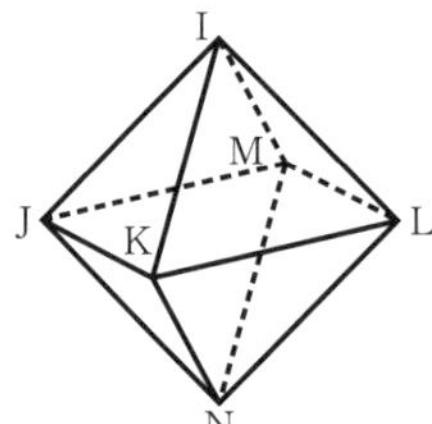

(2) この立方体を正方形 JKLM を含む平面で切断すると，右の図のようになる。

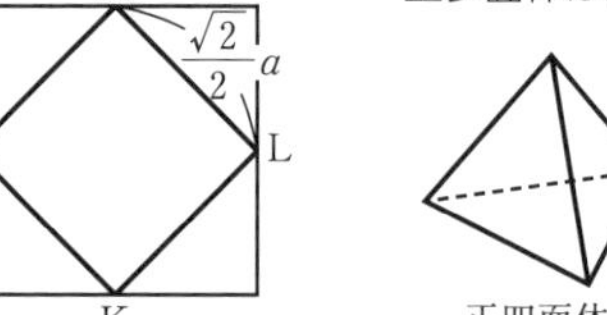

正方形 JKLM の一辺の長さは $\frac{\sqrt{2}}{2}a$ であるから，その面積は

$$\frac{\sqrt{2}}{2}a\times\frac{\sqrt{2}}{2}a=\frac{a^2}{2}$$

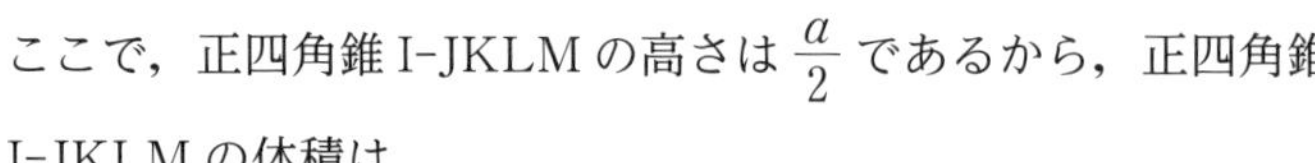

ここで，正四角錐 I-JKLM の高さは $\frac{a}{2}$ であるから，正四角錐 I-JKLM の体積は

$$\frac{1}{3}\times\frac{a^2}{2}\times\frac{a}{2}=\frac{a^3}{12}$$

よって，求める正八面体の体積は

$$\frac{a^3}{12}\times 2=\boldsymbol{\frac{a^3}{6}}$$

▶多面体
いくつかの平面だけで囲まれた立体を多面体という。

▶凸多面体
多面体のどの面を延長しても，その平面に関して一方の側だけに多面体があるような，へこみのない多面体を凸多面体という。

▶正多面体
次の条件を満たす凸多面体を正多面体という。
[1] 各面はすべて合同な正多角形
[2] 各頂点に集まる面の数は等しい
正多面体は次の 5 種類しかない。

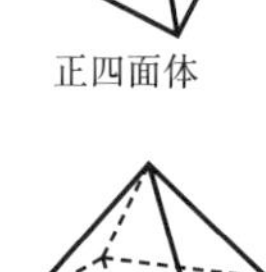
正四面体

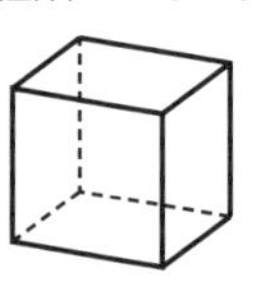
正六面体(立方体)

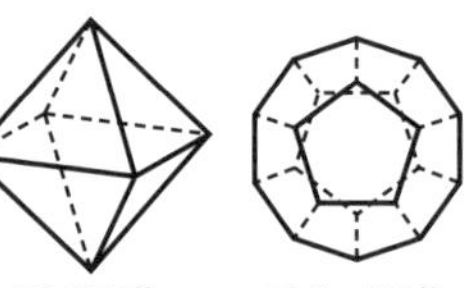
正八面体　正十二面体

正二十面体

168 右の図の多面体について，頂点の数 v，辺の数 e，面の数 f を求め，$v-e+f$ の値を計算せよ。

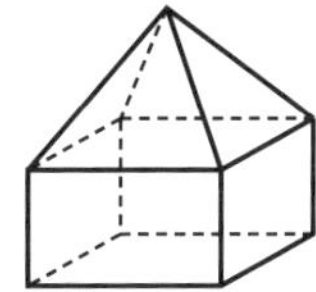

169 下の図のように，直方体の頂点を各辺の中点を結ぶ線分で切り取った多面体を考える。

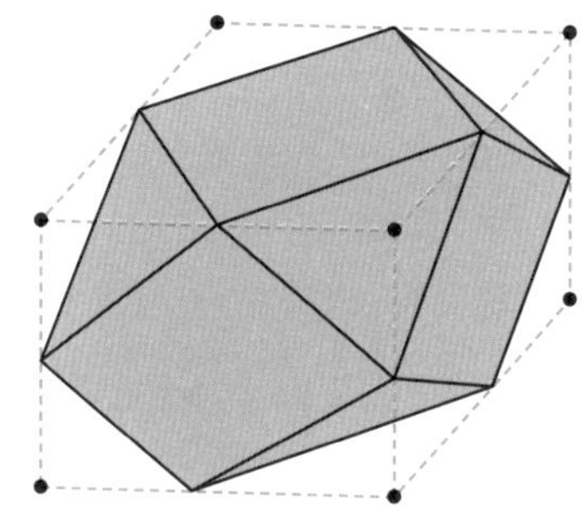

(1) 頂点の数を，もとの直方体の辺の数との関係を考えて求めよ。

(2) 辺の数を，もとの直方体の頂点の数との関係を考えて求めよ。

(3) 面の数を求めよ。

170 正四面体の 6 本の辺の中点を結んだ立体は正八面体であることを次のように考えた。空欄に適する数や言葉を入れよ。

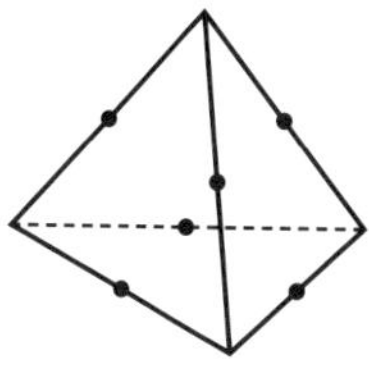

この多面体の各辺は正四面体の辺の中点を結んだ線分であるから，中点連結定理より，正四面体の辺の長さの［　　］である。

よって，この多面体の各辺の長さはすべて等しく，各面の形はすべて［　　］で，その数は［　　］つである。

また，この多面体のどの頂点にも［　　］つの面が集まっている。

ゆえに，この多面体の名称は［　　］である。

171 問題 **170** の正四面体の 1 辺の長さを a とするとき，6 本の辺の中点を結んでできる正八面体の体積を a で表せ。

JUMP 29 1 辺の長さが a である正四面体に内接する球の半径と体積を求めよ。

30 n 進法

例題 55 n 進法

(1) 2 進法で表された $1011_{(2)}$ を 10 進法で表せ。
(2) 3 進法で表された $120_{(3)}$ を 10 進法で表せ。
(3) 10 進法で表された 22 を 2 進法で表せ。
(4) 10 進法で表された 202 を 5 進法で表せ。

解 (1) $1011_{(2)}=1\times2^3+0\times2^2+1\times2+1=8+0+2+1=\mathbf{11}$

(2) $120_{(3)}=1\times3^2+2\times3+0=9+6+0=\mathbf{15}$

(3)
```
2 ) 22
2 ) 11  …0 ↑
2 )  5  …1 │
2 )  2  …1 │
2 )  1  …0 │
     0  …1 │
```
←商が 0 になるまで 2 で割る割り算を繰り返し，出てきた余りを下から順に並べればよい。

よって　$\mathbf{10110_{(2)}}$

(4)
```
5 ) 202
5 )  40  …2 ↑
5 )   8  …0 │
5 )   1  …3 │
      0  …1 │
```
よって　$\mathbf{1302_{(5)}}$

▶記数法
数を書き表す方法を記数法という。
▶n 進法
1，2，2^2，2^3，……を位取りの単位として，各位に 0 と 1 だけの数字を用いる記数法を 2 進法といい，数の右下に $_{(2)}$ をつけて表す。
同様にして，2 以上の自然数 n の累乗を位取りの単位とする数の表し方を n 進法といい，数の右下に $_{(n)}$ をつけて表す。

例題 56 2 進法の四則演算

次の計算の結果を，2 進法で表せ。
(1) $1111_{(2)}+1011_{(2)}$　　(2) $111011_{(2)}\times1001_{(2)}$

解 (1)
```
  1111
+ 1011
------
 11010
```
←足すとき，$1+1=2=10_{(2)}$ に注意し，上の位に 1 を繰り上げる。

よって　$1111_{(2)}+1011_{(2)}=\mathbf{11010_{(2)}}$

(2)
```
    111011
×     1001
----------
    111011
 111011
----------
1000010011
```
←掛けるとき，$1\times1=1$ であるから，上の位に 1 を繰り上げる必要はない。
←足すとき，$1+1=2=10_{(2)}$ に注意し，上の位に 1 を繰り上げる。

よって　$111011_{(2)}\times1001_{(2)}=\mathbf{1000010011_{(2)}}$

▶2 進法の四則演算
［和］ $0_{(2)}+0_{(2)}=0_{(2)}$
$0_{(2)}+1_{(2)}=1_{(2)}$
$1_{(2)}+1_{(2)}=10_{(2)}$（繰り上げ）
［差］ $0_{(2)}-0_{(2)}=0_{(2)}$
$1_{(2)}-0_{(2)}=1_{(2)}$
$1_{(2)}-1_{(2)}=0_{(2)}$
$10_{(2)}-1_{(2)}=1_{(2)}$（繰り下げ）
［積］ $0_{(2)}\times0_{(2)}=0_{(2)}$
$0_{(2)}\times1_{(2)}=0_{(2)}$
$1_{(2)}\times1_{(2)}=1_{(2)}$

（注意） 10 進法に直して計算し，最後に 2 進法に直してもよい。

類題

172 次の数を 10 進法で表せ。
(1) $1111_{(2)}$

(2) $2212_{(3)}$

173 10 進法で表された次の数を［　］内の表し方で表せ。
(1) 14 ［2 進法］

(2) 98 ［5 進法］

174 次の数を 10 進法で表せ。

(1) $10101_{(2)}$

(2) $1223_{(5)}$

175 10 進法で表された次の数を［ ］内の表し方で表せ。

(1) 31 ［2 進法］

(2) 100 ［3 進法］

176 次の計算の結果を，2 進法で表せ。

(1) $10110_{(2)}+1101_{(2)}$

(2) $10101_{(2)}\times 101_{(2)}$

177 次の数を 10 進法で表せ。

(1) $111111_{(2)}$

(2) $2154_{(6)}$

178 10 進法で表された次の数を［ ］内の表し方で表せ。

(1) 55 ［2 進法］

(2) 442 ［6 進法］

179 次の計算の結果を，2 進法で表せ。

(1) $100110_{(2)}-11001_{(2)}$

(2) $11101_{(2)}\times 111_{(2)}$

JUMP 30 自然数 N を 5 進法と 7 進法で表すと，ともに 2 桁の数であり，各位の数の並びが逆になる。このような自然数 N を 10 進法で表せ。

31 約数と倍数

例題 57 約数と倍数

次の問いに答えよ。

(1) 24 の約数をすべて求めよ。

(2) 30 以下の自然数の範囲で 6 の倍数をすべて求めよ。

 (1) **±1, ±2, ±3, ±4, ±6, ±8, ±12, ±24** ←掛けると 24 になる組を見つけていくとよい

(2) **6, 12, 18, 24, 30** ←30 以下は 30 も含む

▶約数と倍数
a, b, c を整数とし,
$a = bc$
と表されるとき,
b は a の約数, a は b の倍数
という。

例題 58 倍数の表し方

整数 a, b が 6 の倍数ならば, $a+2b$ は 6 の倍数であることを証明せよ。

 (証明) 整数 a, b は 6 の倍数であるから, 整数 k, l を用いて

$a = 6k$, $b = 6l$

と表される。ゆえに $a+2b = 6k+12l = 6(k+2l)$

ここで, k, l は整数であるから, $k+2l$ は整数である。

よって, $6(k+2l)$ は 6 の倍数である。

したがって, $a+2b$ は 6 の倍数である。(終)

例題 59 倍数の判定法

次の数のうち, 3 の倍数はどれか。

351, 205, 1234, 5286

 各位の数の和はそれぞれ
$3+5+1=9$
$2+0+5=7$
$1+2+3+4=10$
$5+2+8+6=21$

このうち, 3 の倍数であるものは 9, 21

よって, 3 の倍数は **351, 5286**

▶倍数の判定法
2 の倍数：一の位の数が 0, 2, 4, 6, 8 のいずれかである。
3 の倍数：各位の数の和が 3 の倍数である。
4 の倍数：下 2 桁が 4 の倍数である。
5 の倍数：一の位の数が 0 または 5 である。
6 の倍数：2 の倍数であり, 3 の倍数でもある。
8 の倍数：下 3 桁が 8 の倍数である。
9 の倍数：各位の数の和が 9 の倍数である。

類題

180 次の問いに答えよ。

(1) 60 の約数をすべて求めよ。

(2) 50 以下の自然数の範囲で 8 の倍数をすべて求めよ。

181 次の数のうち, 3 の倍数はどれか。

153, 201, 265, 516, 2914

182 次の問いに答えよ。

(1) 64の約数をすべて求めよ。

(2) 100以下の自然数の範囲で12の倍数をすべて求めよ。

183 整数 a, b が5の倍数ならば，$2a+3b$ は5の倍数であることを証明せよ。

184 次の数のうち，9の倍数はどれか。

213，343，531，3456

185 整数 a, b が3の倍数ならば，a^2+4ab は9の倍数であることを証明せよ。

186 次の数のうち，6の倍数はどれか。

103，138，282，346

187 3桁の自然数64□が3の倍数であり，4の倍数でもあるとき，□に入る数を求めよ。

JUMP 31 千，百，十，一の位の数がそれぞれ a, b, c, d である4桁の自然数 N について，$a-b+c-d$ が11の倍数のとき，自然数 N は11の倍数であることを証明せよ。

32 素因数分解と最大公約数・最小公倍数

例題 60 素因数分解の利用

$\sqrt{132n}$ が自然数になるような最小の自然数 n を求めよ。

解 $\sqrt{132n}$ が自然数になるのは，$132n$ がある自然数の 2 乗になるときである。このとき，$132n$ を素因数分解すると，各素因数の指数がすべて偶数になる。

132 を素因数分解すると　$132 = 2^2 \times 3 \times 11$

よって，求める最小の自然数 n は　$n = 3 \times 11 = \mathbf{33}$

例題 61 最大公約数・最小公倍数

(1) 144 と 216 の最大公約数を求めよ。

(2) 60 と 84 の最小公倍数を求めよ。

解 (1) 144 と 216 を素因数分解すると

$144 = 2^4 \times 3^2 = 2 \times 2 \times 2 \times 2 \times 3 \times 3$

$216 = 2^3 \times 3^3 = 2 \times 2 \times 2 \quad\quad \times 3 \times 3 \times 3$

よって，最大公約数は

$2 \times 2 \times 2 \times 3 \times 3 = 2^3 \times 3^2 = \mathbf{72}$

$$\begin{array}{r|rr} 2 & 144 & 216 \\ \hline 2 & 72 & 108 \\ \hline 2 & 36 & 54 \\ \hline 3 & 18 & 27 \\ \hline 3 & 6 & 9 \\ \hline & 2 & 3 \end{array}$$

(2) 60 と 84 を素因数分解すると

$60 = 2^2 \times 3 \times 5 = 2 \times 2 \times 3 \times 5$

$84 = 2^2 \times 3 \times 7 = 2 \times 2 \times 3 \quad\quad \times 7$

よって，最小公倍数は

$2 \times 2 \times 3 \times 5 \times 7 = \mathbf{420}$

$$\begin{array}{r|rr} 2 & 60 & 84 \\ \hline 2 & 30 & 42 \\ \hline 3 & 15 & 21 \\ \hline & 5 & 7 \end{array}$$

例題 62 最大公約数・最小公倍数の応用

縦 20 cm，横 28 cm の長方形の紙に，1 辺の長さが x cm の正方形の色紙をすきまなく敷き詰めたい。x の最大値を求めよ。

解 正方形の色紙を縦に a 枚，横に b 枚敷き詰めるとすると

$ax = 20$，$bx = 28$

よって，x の最大値は 20 と 28 の最大公約数である。

$20 = 2^2 \times 5$，$28 = 2^2 \times 7$ より，最大公約数は　$2^2 = 4$

したがって，x の最大値は　**4**

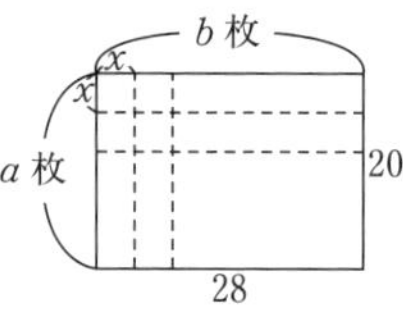

▶素数

1 とその数自身以外に正の約数がない 2 以上の自然数を素数という。

▶素因数分解

自然数がいくつかの自然数の積で表されるとき，積をつくっている 1 つ 1 つの自然数を元の自然数の因数といい，素数である因数を素因数という。

自然数を素数の積で表すことを素因数分解という。

▶最大公約数

2 つの整数 a，b に共通の約数を a と b の公約数といい，公約数の中で最大のものを最大公約数という。

3 つ以上の場合も同様である。

▶最小公倍数

2 つの整数 a，b に共通の倍数を a と b の公倍数といい，公倍数の中で最小のものを最小公倍数という。

3 つ以上の場合も同様である。

類題

188 $\sqrt{120n}$ が自然数になるような最小の自然数 n を求めよ。

189 315 と 675 の最大公約数と最小公倍数を求めよ。

190 次の 2 数の最大公約数を求めよ。

(1) 1755，2025

(2) 117，1404

191 次の 2 数の最小公倍数を求めよ。

(1) 126，189

(2) 1425，2750

192 $\sqrt{\dfrac{252}{n}}$ が自然数になるような自然数 n をすべて求めよ。

193 42，77，105 の最大公約数を求めよ。

194 10，12，15 の最小公倍数を求めよ。

195 縦 360 cm，横 528 cm の長方形の床に，1 辺の長さ x cm の正方形のタイルをすきまなく敷き詰めたい。x の最大値を求めよ。また，そのときタイルは何枚必要か。

JUMP 32 なしが 350 個，みかんが 290 個ある。何人かの子どもに，なしもみかんもそれぞれ均等に，できるだけ多く配り分けたところ，なしが 20 個，みかんが 15 個余った。このとき，子どもの人数を求めよ。

33 互いに素，整数の割り算と商および余り

例題 63 互いに素

105 と 176 は互いに素といえるか。

105 と 176 を素因数分解すると

$105 = 3 \times 5 \times 7$，$176 = 2^4 \times 11$

より，105 と 176 は 1 以外の正の公約数をもたない。

よって，105 と 176 は**互いに素である。**

▶互いに素
2 つの整数 a，b が 1 以外の正の公約数をもたないとき，すなわち，a，b の最大公約数が 1 であるとき，a と b は互いに素であるという。

例題 64 整数の割り算と商および余り

$a = 55$，$b = 8$ のとき，a を b で割ったときの商 q と余り r を用いて $a = bq + r$ の形で表せ。ただし，$0 \leqq r < b$ とする。

$\mathbf{55 = 8 \times 6 + 7}$

$$\begin{array}{r} 6 \\ 8\,\overline{)\,55} \\ \underline{48} \\ 7 \end{array}$$

←商

←余り

▶除法の性質
整数 a と正の整数 b について

$\boldsymbol{a = bq + r}$

（ただし，$0 \leqq r < b$）

となる整数 q，r が 1 通りに定まる。

例題 65 余りによる整数の分類

整数 n が 3 で割り切れないとき，n^2 を 3 で割ったときの余りは，1 であることを証明せよ。

（証明） 整数 n は，整数 k を用いて，

$n = 3k + 1$，$n = 3k + 2$ ←3 で割ったときの余りは 0 でない

と表される。

(i) $n = 3k + 1$ のとき

$n^2 = (3k + 1)^2 = 9k^2 + 6k + 1 = 3(3k^2 + 2k) + 1$

(ii) $n = 3k + 2$ のとき

$n^2 = (3k + 2)^2 = 9k^2 + 12k + 4 = 3(3k^2 + 4k + 1) + 1$

$3k^2 + 2k$，$3k^2 + 4k + 1$ は整数だから，いずれの場合も n^2 を 3 で割ったときの余りは，1 である。（終）

▶余りによる整数の分類
すべての整数は，正の整数 m で割ったときの余りによって

mk，$mk + 1$，$mk + 2$，…

…，$mk + (m - 1)$

（ただし，k は整数）

のいずれかの形に表される。

類題

196 次の 2 つの整数の組のうち，互いに素であるものはどれか。

① 9 と 17　② 45 と 56　③ 520 と 819

197 次の整数 a，b について，a を b で割ったときの商 q と余り r を用いて $a = bq + r$ の形で表せ。ただし，$0 \leqq r < b$ とする。

(1) $a = 63$，$b = 6$

(2) $a = 80$，$b = 13$

198 次の 2 つの整数の組のうち，互いに素であるものはどれか。

① 24 と 57　② 42 と 85　③ 220 と 273

199 次の整数 a，b について，a を b で割ったときの商 q と余り r を用いて $a=bq+r$ の形で表せ。ただし，$0 \leqq r < b$ とする。

(1) $a=97$，$b=7$

(2) $a=125$，$b=16$

(3) $a=230$，$b=11$

200 奇数の 2 乗は奇数であることを証明せよ。

201 整数 a を 5 で割ると 2 余り，整数 b を 5 で割ると 1 余る。このとき，次の数を 5 で割ったときの余りを求めよ。

(1) $a+b$

(2) ab

202 n は整数とする。n を 4 で割ったときの余りが 1 または 3 であるとき，n^2 を 4 で割ったときの余りは 1 であることを証明せよ。

JUMP 33 n は整数とする。n^2+3n-1 は 5 の倍数でないことを証明せよ。

34 ユークリッドの互除法

例題 66 ユークリッドの互除法

互除法を利用して，次の 2 数の最大公約数を求めよ。

(1) 144，36　　(2) 1547，1105

(1) 144 を 36 で割ると割り切れて，商は 4 である。

すなわち $144 = 36 \times 4$

よって，144 と 36 の最大公約数は **36**

(2) $1547 = 1105 \times 1 + 442$ ……①

$1105 = 442 \times 2 + 221$ ……②

$442 = 221 \times 2$ ……………③

$$\begin{array}{r} 2 \\ 221\overline{)442} \\ 442 \\ \hline 0 \end{array} \quad \begin{array}{r} 2 \\ \overline{)1105} \\ 884 \\ \hline 221 \end{array} \quad \begin{array}{r} 1 \\ \overline{)1547} \\ 1105 \\ \hline 442 \end{array}$$

よって，求める最大公約数は **221**

(解説)

a と b の最大公約数を (a, b) で表すと

①より　$(1547, 1105) = (1105, 442)$

②より　$(1105, 442) = (442, 221)$

③より　$(442, 221) = 221$

よって，1547 と 1105 の最大公約数は 221

▶除法と最大公約数の性質

2 つの正の整数 a，b について，a を b で割ったときの余りを r とすると

a と b の最大公約数は
b と r の最大公約数に等しい。

$a = bq + r$

▶ユークリッドの互除法による最大公約数の求め方

$a > b$ である 2 つの正の整数 a，b において

①a を b で割ったときの余り r を求める。

②$r \neq 0$ ならば，b，r の値をそれぞれあらたな a，b として①にもどる。

③$r = 0$ ならば，b は a と b の最大公約数である。

類題

203 互除法を利用して，次の 2 数の最大公約数を求めよ。

(1) 195，78

(2) 370，222

204 次の 2 数の最大公約数を求めよ。

(1) 114, 78

(2) 826, 649

(3) 1207, 994

(4) 2233, 1729

205 3007 と 1843 の最大公約数を求めよ。

206 1003, 1258, 1292 について，次の問いに答えよ。

(1) 1003 と 1258 の最大公約数を求めよ。

(2) 1258 と 1292 の最大公約数を求めよ。

(3) 3 数の最大公約数を求めよ。

JUMP 34 縦 448 cm，横 1204 cm の長方形を，できるだけ大きい正方形で切り取れるだけ切り取り，長方形を残す。残った長方形も同様にできるだけ大きい正方形で切り取れるだけ切り取る。この作業を，残った部分がすべて正方形で切り取られるまで繰り返すとき，最も小さい正方形の 1 辺の長さを求めよ。

35 不定方程式の整数解

例題 67 不定方程式 (1)

不定方程式 $2x-5y=0$ の整数解をすべて求めよ。

$2x-5y=0$ より $2x=5y$ ……①

$5y$ は 5 の倍数であるから，①より $2x$ も 5 の倍数である。2 と 5 は互いに素であるから，x は 5 の倍数であり，整数 k を用いて $x=5k$ と表される。

ここで，$x=5k$ を①に代入すると

$2\times 5k=5y$ より　$y=2k$

よって，$2x-5y=0$ のすべての整数解は

$x=5k$，$y=2k$　（ただし，k は整数）

▶不定方程式

a，b を 0 でない実数として，方程式 $ax+by=c$ を満たす実数 x，y の組 $(x,\ y)$ をこの方程式の解という。この方程式の解は無数に存在することから，この方程式を 2 元 1 次不定方程式という。

とくに，a，b を 0 でない整数として，方程式 $ax+by=c$ の解のうち，x，y がともに整数であるものを整数解という。

例題 68 不定方程式 (2)

不定方程式 $3x+5y=1$ ……① の整数解をすべて求めよ。

（参考）　初めに 1 つの整数解を見つけるとき，係数の絶対値が大きい文字から代入すると見つかる場合がある。

方程式①の整数解を 1 つ求めると

$x=-3$，$y=2$

$\leftarrow \begin{cases} y=1 \text{ を代入すると } 3x=-4 \text{ より } \times \\ y=2 \text{ を代入すると } 3x=-9 \text{ より } x=-3 \end{cases}$

これを①に代入すると　$3\times(-3)+5\times 2=1$ ……②

①－②より　$3\{x-(-3)\}+5(y-2)=0$

すなわち　$3(x+3)=5(-y+2)$ ……③

3 と 5 は互いに素であるから，$x+3$ は 5 の倍数であり，整数 k を用いて $x+3=5k$ と表される。

ここで，$x+3=5k$ を③に代入すると

$3\times 5k=5(-y+2)$ より　$-y+2=3k$

よって，方程式①のすべての整数解は

$x=5k-3$，$y=-3k+2$　（ただし，k は整数）

（注意）正の整数について最大公約数や互いに素であることを考えてきたが，負の整数も含めて整数全体でも同じように考えることができる。

（注）　③において，

$3(x+3)=-5(y-2)$

とすることも考えられる。

このときは

> 3 と -5 が互いに素であるから，整数 k を用いて
>
> $x+3=-5k$，$y-2=3k$
>
> より
>
> $x=-5k-3$，$y=3k+2$
>
> （ただし，k は整数）

となり，解答の k に $(-k)$ を代入した形になっている。

類題

207 次の不定方程式の整数解をすべて求めよ。

(1)　$2x-3y=0$

(2)　$3x-2y=1$

208 次の不定方程式の整数解をすべて求めよ。

(1) $x-4y=0$

(2) $3x+7y=0$

(3) $-3x+2y=1$

(4) $5x+7y=1$

209 不定方程式 $2x-3y=4$ の整数解をすべて求めよ。

210 不定方程式 $19x+27y=1$ ……① について，次の問いに答えよ。

(1) $x=10$，$y=-7$ は方程式①の解であることを示せ。

(2) 方程式①の整数解をすべて求めよ。

JUMP 35 不定方程式 $37x+26y=1$ ……① の整数解を1つ求めよ。また，方程式①の整数解をすべて求めよ。

まとめの問題　数学と人間の活動

1 次の問いに答えよ。

(1) 10 進法で表された 50 を 2 進法で表せ。

(2) 10 進法で表された 163 を 4 進法で表せ。

(3) $1000010_{(2)}$ を 10 進法で表せ。

(4) $2053_{(6)}$ を 10 進法で表せ。

2 次の計算の結果を，2 進法で表せ。

(1) $1010_{(2)}+11001_{(2)}$

(2) $1101_{(2)}\times 1001_{(2)}$

3 次の問いに答えよ。

(1) 36 の正の約数をすべて求めよ。

(2) 次の数のうち，8 の倍数はどれか。
4120，2916，5216，7648

4 次の 2 数の最大公約数を求めよ。

(1) 114，190

(2) 115，184

5 次の 2 数の最小公倍数を求めよ。

(1) 66，165

(2) 180，600

6 $\sqrt{360n}$ が自然数になるような最小の自然数 n を求めよ。

7 ノートが96冊，鉛筆が132本ある。x 人の子どもに，ノートも鉛筆もそれぞれ均等に，余りなく分けたい。x の最大値を求めよ。

8 次の整数 a，b について，a を b で割ったときの商 q と余り r を用いて，$a = bq + r$ の形で表せ。ただし，$0 \leqq r < b$ とする。

(1) $a = 101$，$b = 8$

(2) $a = 321$，$b = 15$

9 n は整数とする。$n^2 + 1$ は3の倍数でないことを証明せよ。

10 互除法を利用して，次の2数の最大公約数を求めよ。

(1) 1989，884

(2) 4331，1037

11 次の不定方程式の整数解をすべて求めよ。

(1) $-5x + 7y = 0$

(2) $-2x + 7y = 1$

こたえ

▶第1章◀　場合の数と確率

1 (1) $A\cup B=\{1, 2, 5, 7, 8, 10\}$
(2) $A\cap B=\{5, 8\}$

2 (1) $A\cup B=\{1, 2, 3, 4, 6, 8, 10, 12\}$
(2) $A\cap B=\{2, 4, 6, 12\}$
(3) $\overline{A\cup B}=\{5, 7, 9, 11\}$
(4) $\overline{A}\cap\overline{B}=\{5, 7, 9, 11\}$

3 (1) $A=\{2, 3, 5, 7, 11, 13, 17\}$
$B=\{1, 4, 7, 10, 13, 16\}$
$C=\{1, 2, 3, 6, 9, 18\}$
(2) ① $A\cup B=\{1, 2, 3, 4, 5, 7, 10, 11, 13, 16, 17\}$
② $A\cap B=\{7, 13\}$
③ $\overline{A}\cap\overline{C}=\{4, 8, 10, 12, 14, 15, 16\}$
④ $\overline{A}\cup\overline{B}=\{1, 2, 3, 4, 5, 6, 8, 9, 10, 11, 12, 14, 15, 16, 17, 18\}$

4 (1) $A\cap B=\{x\mid 2<x\leqq 4,\ x$ は実数$\}$
(2) $A\cup B=\{x\mid -1\leqq x<7,\ x$ は実数$\}$

5 (1) $A\cap B=\{12\}$
(2) $A\cup B=\{4, 6, 8, 12, 16, 18, 20\}$
(3) $\overline{A}=\{1, 2, 3, 5, 6, 7, 9, 10, 11, 13, 14, 15, 17, 18, 19\}$
(4) $A\cap\overline{B}=\{4, 8, 16, 20\}$

JUMP 1 $a=2$, $A\cup B=\{-4, 2, 4, 5\}$

6 (1) $n(A)=15$ (個)　(2) $n(\overline{B})=20$ (個)
(3) $n(A\cup B)=20$ (個)

7 (1) $n(A)=33$ (個)　(2) $n(B)=50$ (個)
(3) $n(A\cap B)=16$ (個)　(4) $n(A\cup B)=67$ (個)
(5) $n(\overline{A\cap B})=84$ (個)　(6) $n(\overline{A}\cap\overline{B})=33$ (個)

8 (1) 15人　(2) 7人

9 18人

JUMP 2 36個

まとめの問題　場合の数と確率①

1 (1) $C=\{1, 2, 3, 4, 5, 6, 10, 12, 15, 20, 30\}$
$D=\{2, 3, 5, 7, 11, 13, 17, 19, 23, 29\}$
(2) ① $A\cap\overline{B}=\{6, 12, 18, 24, 30\}$
② $A\cup\overline{B}=\{2, 3, 4, 6, 8, 9, 10, 12, 14, 15, 16, 18, 20, 21, 22, 24, 26, 27, 28, 30\}$
③ $\overline{A}\cap B=\{1, 5, 7, 11, 13, 17, 19, 23, 25, 29\}$
④ $C\cap\overline{D}=\{1, 4, 6, 10, 12, 15, 20, 30\}$

2 (1) $A\cup B=\{2, 3, 5, 6, 7, 8, 10, 11, 12\}$
(2) $A\cap B=\{3, 10\}$
(3) $A=\{3, 5, 7, 10, 11\}$
(4) $B=\{2, 3, 6, 8, 10, 12\}$

3 (1) 15個　(2) 120個　(3) 60個　(4) 180個

4 540個

5 19人

10 13通り　**11** 10通り
12 18通り　**13** 8通り
14 6通り　**15** 26通り
16 (1) 12通り　(2) 6通り

JUMP 3 13122

17 15通り　**18** 10個
19 12通り　**20** 12通り
21 16個　**22** 27通り
23 12通り　**24** 24個

JUMP 4 18個

25 (1) 210　(2) 90　(3) 120　(4) 720
26 360通り
27 (1) 20　(2) 720　(3) 5040　(4) 40320
28 60通り
29 840通り
30 120通り
31 4896通り

JUMP 5 24通り

32 300通り
33 72通り
34 52通り
35 240通り
36 75通り
37 (1) 4320通り　(2) 4320通り

JUMP 6 72通り

38 5040通り
39 64通り
40 120通り
41 243通り
42 125通り
43 (1) 1440通り　(2) 720通り
44 243通り

JUMP 7 14400通り

45 (1) 35　(2) 28　(3) 1　(4) 1
46 (1) 84通り　(2) 36通り
47 435通り
48 455通り
49 (1) 1260通り　(2) 2990通り
50 (1) 360通り　(2) 1035通り
51 (1) 18通り　(2) 18通り

JUMP 8 80通り

52 (1) 10個　(2) 5本
53 (1) 3通り　(2) 18個
54 (1) 15通り　(2) 20通り　(3) 10通り
55 (1) 2520通り　(2) 105通り
56 (1) 2520通り　(2) 2100通り

JUMP 9 (1) 40個　(2) 110個

57 280通り
58 15通り
59 (1) 105通り　(2) 15通り　(3) 30通り
60 (1) 60通り　(2) 10通り
61 (1) 56通り　(2) 26通り
62 (1) 200通り　(2) 150通り　(3) 350通り

JUMP 10 300通り

まとめの問題　場合の数と確率②

1 13通り
2 (1) 75通り　(2) 55通り
3 16個
4 (1) 720通り　(2) 720通り
5 36通り
6 (1) 210通り　(2) 105通り　(3) 335通り
7 105通り
8 (1) 90通り　(2) 30通り

63 $\frac{2}{3}$　**64** $\frac{4}{9}$

65 $\frac{1}{13}$　**66** $\frac{1}{12}$

67 (1) $\frac{1}{8}$　(2) $\frac{3}{8}$

68 (1) $\frac{1}{6}$　(2) $\frac{5}{12}$

69 (1) $\frac{1}{6}$　(2) $\frac{1}{2}$　(3) $\frac{5}{9}$

70 $\frac{1}{36}$

JUMP 11 $\frac{5}{9}$

71 (1) $\frac{1}{5}$　(2) $\frac{1}{10}$

72 (1) $\frac{5}{18}$　(2) $\frac{5}{9}$

73 (1) $\frac{1}{15}$　(2) $\frac{1}{5}$

74 (1) $\frac{4}{33}$　(2) $\frac{4}{11}$

75 (1) $\frac{1}{7}$　(2) $\frac{1}{21}$

76 (1) $\frac{3}{11}$　(2) $\frac{27}{220}$

JUMP 12 $\frac{6}{11}$

77 $\frac{1}{2}$　**78** $\frac{1}{6}$

79 $\frac{5}{11}$

80 (1) $P(A\cap B)=\frac{3}{52}$　(2) $P(A\cup B)=\frac{11}{26}$

81 $\frac{13}{18}$　**82** $\frac{3}{10}$

JUMP 13 (1) $P(A\cap B)=\frac{2}{35}$　(2) $P(A\cup B)=\frac{11}{35}$

83 $\frac{7}{8}$

84 (1) $\frac{5}{42}$　(2) $\frac{37}{42}$

85 $\frac{22}{25}$　**86** $\frac{21}{22}$

87 $\frac{7}{8}$　**88** $\frac{37}{42}$

89 (1) $\frac{1}{27}$　(2) $\frac{2}{9}$

JUMP 14 $\frac{13}{27}$

まとめの問題　場合の数と確率③

1 (1) $\frac{7}{36}$　(2) $\frac{1}{4}$

2 (1) $\frac{150}{1001}$　(2) $\frac{45}{91}$

3 $\frac{1}{24}$

4 (1) $\frac{1}{35}$　(2) $\frac{1}{7}$　(3) $\frac{2}{21}$

5 (1) $\frac{7}{110}$　(2) $\frac{7}{55}$　(3) $\frac{41}{55}$

6 $\frac{11}{50}$

7 (1) $\frac{1}{81}$　(2) $\frac{10}{81}$

90 $\frac{1}{3}$

91 (1) $\frac{2}{15}$　(2) $\frac{43}{90}$

92 $\frac{25}{72}$　**93** $\frac{13}{30}$

94 $\frac{31}{63}$　**95** $\frac{2}{15}$

96 (1) $\frac{3}{8}$　(2) $\frac{9}{20}$

JUMP 15 $\frac{41}{50}$

97 $\frac{80}{243}$　**98** $\frac{7}{64}$

99 $\frac{8}{27}$

100 (1) $\frac{15}{64}$　(2) $\frac{7}{64}$

101 (1) $\frac{40}{243}$　(2) $\frac{64}{81}$

102 $\frac{35}{128}$

JUMP 16 $\frac{53}{512}$

103 (1) $\frac{6}{25}$　(2) $\frac{24}{65}$

104 (1) $\frac{3}{11}$　(2) $\frac{1}{2}$　(3) $\frac{2}{5}$

105 (1) $\frac{2}{15}$　(2) $\frac{2}{5}$

106 (1) $\frac{5}{12}$　(2) $\frac{35}{66}$

107 $\frac{22}{35}$

JUMP 17 $\frac{2}{3}$

108 500円　**109** 50点

110 58点　**111** $\frac{6}{5}$個

112 75円　**113** 3

114 75点

115 有利といえない

JUMP 18 2

まとめの問題　場合の数と確率④

1 (1) $\frac{8}{21}$　(2) $\frac{13}{21}$

2 (1) $\frac{1}{16}$　(2) $\frac{11}{48}$

3 (1) $\frac{17}{81}$　(2) $\frac{8}{81}$

4 (1) $P(A\cap B)=\frac{2}{5}$　(2) $P_B(A)=\frac{8}{11}$

(3) $P_A(\overline{B})=\frac{11}{27}$

5 (1) a が当たる確率 $\frac{1}{6}$，b が当たる確率 $\frac{1}{6}$

(2) a が当たる確率 $\frac{1}{6}$，b が当たる確率 $\frac{1}{6}$

6 30 点

▶第2章◀　図形の性質

116 (1) $x=10$，$y=8$　(2) $x=\frac{12}{5}$，$y=\frac{10}{3}$

117 (1) $x=6$，$y=4$　(2) $x=3$，$y=8$

118 R　A　P　B　Q

119 F　A　C　D　B　E

120 $x=15$，$y=\frac{35}{2}$，$z=27$

JUMP 19 $x=\frac{8}{5}$，$y=\frac{10}{7}$

121 $x=\frac{80}{13}$

122 $x=\frac{10}{3}$

123 (1) $x=4$　(2) $y=6$　(3) $z=8$

124 $\frac{28}{3}$

125 (1) 4　(2) $\frac{16}{5}$

JUMP 20 $\frac{15}{2}$

126 12

127 $\theta=115°$

128 6

129 (1) $\theta=10°$　(2) $\theta=100°$　(3) $\theta=10°$

130 (1) $\frac{15}{7}$　(2) 7：5

131 3

JUMP 21 3

132 9：2

133 3：8

134 (1) 1：1　(2) 4：3

135 3：2

136 (1) 4：1　(2) 6：1　(3) 1：7

JUMP 22 3：14

137 (1) $\theta=35°$　(2) $\theta=51°$

138 同一円周上にある

139 (1) $\theta=98°$　(2) $\theta=60°$

140 (1) 同一円周上にない　(2) 同一円周上にある

(3) 同一円周上にある

141 (1) $\alpha=80°$，$\beta=40°$，$\gamma=50°$

(2) $\alpha=60°$，$\beta=120°$，$\gamma=90°$　(3) $\alpha=32°$

JUMP 23 $\theta=80°$

142 (1) $\alpha=70°$，$\beta=92°$　(2) $\alpha=130°$，$\beta=115°$

143 内接しない

144 (1) $\alpha=112°$，$\beta=105°$　(2) $\alpha=43°$

(3) $\alpha=98°$

145 内接しない

146 (1) $\alpha=100°$　(2) $\beta=80°$　(3) 内接する

147 ②と③

JUMP 24 50°

148 $x=7$

149 $\theta=70°$

150 (1) $x=\frac{13}{2}$　(2) $x=6$

151 (1) $\alpha=50°$，$\beta=130°$　(2) $\alpha=60°$，$\beta=60°$

152 5

153 $\theta=70°$

JUMP 25 20

154 $x=4$

155 $8\sqrt{3}$

156 (1) $x=\frac{17}{2}$　(2) $x=5$　(3) $x=9$

157 12

158 $\sqrt{3}$

159 (1) 10　(2) $5\sqrt{3}$　(3) $7\sqrt{3}$

JUMP 26 PC＝2，OO′＝$4\sqrt{2}$

まとめの問題　図形の性質

1 R　A　P　B　Q

2 $x=8$

3 $\frac{1}{2}a+\frac{\sqrt{3}}{2}a$

4 $\alpha=40°$，$\beta=30°$，$\gamma=20°$

5 (1) 1：5　(2) 15：8

6 (1) $\theta=70°$　(2) $\theta=47°$　(3) $\theta=40°$

7 ∠AED＝65°，∠ADE＝65°

8 $\mathrm{PT}=\sqrt{x(x+y)}$

9 $x=5$

160～163 略

JUMP 27 略

164 (1) 60°　(2) 60°　(3) 90°

165～166 略

167 $2\sqrt{10}$

JUMP 28 略

168 2

169 (1) 12　(2) 24　(3) 14

170 (上から順に)

半分，正三角形，8，4，正八面体

171 $\frac{\sqrt{2}}{24}a^3$

JUMP 29 半径 $\frac{\sqrt{6}}{12}a$，体積 $\frac{\sqrt{6}}{216}\pi a^3$

▶第3章◀　数学と人間の活動

172 (1)　15　(2)　77
173 (1)　$1110_{(2)}$　(2)　$343_{(5)}$
174 (1)　21　(2)　188
175 (1)　$11111_{(2)}$　(2)　$10201_{(3)}$
176 (1)　$100011_{(2)}$　(2)　$1101001_{(2)}$
177 (1)　63　(2)　502
178 (1)　$110111_{(2)}$　(2)　$2014_{(6)}$
179 (1)　$1101_{(2)}$　(2)　$11001011_{(2)}$
JUMP 30　17
180 (1)　±1，±2，±3，±4，±5，±6，±10，±12，±15，±20，±30，±60
(2)　8，16，24，32，40，48
181 153，201，516
182 (1)　±1，±2，±4，±8，±16，±32，±64
(2)　12，24，36，48，60，72，84，96
183 略
184 531，3456
185 略
186 138，282
187 8
JUMP 31　略
188 30
189 最大公約数 45，最小公倍数 4725
190 (1)　135　(2)　117
191 (1)　378　(2)　156750
192 $n=7$，28，63，252
193 7
194 60
195 x の最大値 24，タイルの必要数 330 枚
JUMP 32　55 人
196 ①と②
197 (1)　$63=6\times10+3$　(2)　$80=13\times6+2$
198 ②と③
199 (1)　$97=7\times13+6$　(2)　$125=16\times7+13$
(3)　$230=11\times20+10$
200 略
201 (1)　3　(2)　2
202 略
JUMP 33　略
203 (1)　39　(2)　74
204 (1)　6　(2)　59　(3)　71　(4)　7
205 97
206 (1)　17　(2)　34　(3)　17
JUMP 34　28 cm
207 (1)　$x=3k$，$y=2k$（ただし，k は整数）
(2)　$x=2k+1$，$y=3k+1$（ただし，k は整数）
208 (1)　$x=4k$，$y=k$（ただし，k は整数）
(2)　$x=7k$，$y=-3k$（ただし，k は整数）
(3)　$x=2k-1$，$y=3k-1$（ただし，k は整数）
(4)　$x=7k+3$，$y=-5k-2$（ただし，k は整数）
209 $x=3k+2$，$y=2k$（ただし，k は整数）
210 (1)　略
(2)　$x=27k+10$，$y=-19k-7$（ただし，k は整数）
JUMP 35　$x=-7$，$y=10$
$x=26k-7$，$y=-37k+10$（ただし，k は整数）

まとめの問題　数学と人間の活動

1 (1)　$110010_{(2)}$　(2)　$2203_{(4)}$　(3)　66　(4)　465
2 (1)　$100011_{(2)}$　(2)　$1110101_{(2)}$
3 (1)　1，2，3，4，6，9，12，18，36
(2)　4120，5216，7648
4 (1)　38　(2)　23
5 (1)　330　(2)　1800
6 10
7 12
8 (1)　$101=8\times12+5$　(2)　$321=15\times21+6$
9 略
10 (1)　221　(2)　61
11 (1)　$x=7k$，$y=5k$（ただし，k は整数）
(2)　$x=7k+3$，$y=2k+1$（ただし，k は整数）

アクセスノート　数学A

●編　者――実教出版編修部
●発行者――小田良次
●印刷所――大日本印刷株式会社

●発行所――実教出版株式会社
〒102-8377
東京都千代田区五番町5
電 話〈営業〉(03)3238-7777
〈編修〉(03)3238-7785
〈総務〉(03)3238-7700
https://www.jikkyo.co.jp/
002402022　ISBN 978-4-407-36038-7